Die Geschichte der Audi Markenzeichen

Edition **Audi Tradition**

Bibliografische Information Der Deutschen Bibliothek
Die Deutsche Bibliothek verzeichnet diese Publikation in der Deutschen Nationalbibliografie; detaillierte bibliografische Daten sind im Internet über <http://dnb.ddb.de> abrufbar.

1. Auflage
ISBN 3-7688-1415-7

Herausgeber:
AUDI AG, Audi Tradition

Text und Markenregister: Olaf Schiller
Textergänzung und Gesamtredaktion: Prof. Dr. Peter Kirchberg
Schutzumschlag und Konzeption: MetaDesign AG, Berlin
Druck: Kunst- und Werbedruck, Bad Oeynhausen
Repro: Graphic Group SvD Giesow GmbH, Bielefeld
Printed in Germany 2002

Delius Klasing Verlag, Siekerwall 21, D-33602 Bielefeld
Tel.: 0521/559-0, Fax: 0521/559-115
e-mail: info@delius-klasing.de
www.delius-klasing.de

Inhalt

Zu diesem Buch 8

1. **Markenzeichen – täglich und überall** 10

2. **Ein Kapitel Wappenkunde** 14

3. **Die Geschichte der Markenzeichen** 18

4. **Eine Sache für sich: Die Kühlerfiguren** 22

5. **Die Marke Horch** 26
   Der Ursprung der Marke 26
   Die Herrschaftssymbolik von Horch 32

6. **Die Marke Audi** 36
   Der Ursprung der Marke 36
   Der Superlativ von Audi 40

7. **Die Marke DKW** 46
   Der Ursprung der Marke 46

8. **Die Marke Wanderer** 52
   Der Ursprung der Marke 52

9. **Die Auto Union und die Vier Ringe** 58
   Ein Blick auf die 30er-Jahre 58
   Die Vier Ringe 62
   Der Warenzeichenstreit zwischen der Auto Union und den Wanderer-Werken 68

10. **Die Auto Union nach 1945** 78
    Die Erben im Osten: SAW und IFA 78
    Der Exodus nach Ingolstadt 88
    DKW ist wieder da! 90

11. **Die Auferstehung der Marke Audi** 98

12. **Die Fusion** 100
    Der Ursprung der Marke NSU 101
    Die unbezwingbare Vitalität der Marke NSU 106
    Das stille Ende des langen Namens 115

13. **Die AUDI AG und ihre Marke** 118

14. **Die Marken bleiben unsere Begleiter** 124

15. **Das Markenregister** 128

16. **Quellen** 154

    Literaturverzeichnis 154
    Periodika 158
    Archive 158
    Fotonachweise 159

Farben, Formen und Buchstaben im Audi Markenzeichen von heute (rechts).

Corporate Design

Grundelemente
Basic Elements

Produktionsrichtlinien
Production Guidelines

Das Audi Markenzeichen

The Audi marque emblem

Zu diesem Buch

Tausende von Produkten und Dienstleistungen ringen täglich, ja stündlich um die Aufmerksamkeit der Konsumenten. Damit verbunden ist eine Informations- und Reizüberflutung, bei der Orientierung und Selbstbestimmung immer schwieriger werden. Eine wichtige Hilfe dabei bieten die Marken und ihre Zeichen, deren Bekannt- und Vertrautheit verlässliche Qualität signalisieren.

Dieses Vertrauen ist das Ergebnis jahrelanger, oft auch über Jahrzehnte und über mehrere Generationen hin unternommener Anstrengungen zur Ausprägung eines Markenbildes mit solchen Eigenschaften. Sein Wert ist unschätzbar. Allgemein gilt, dass heute der Wert einer Marke etwa 50 bis 60 Prozent des Börsenwertes eines Unternehmens ausmacht – wenn es denn dort notiert ist.[1]

Die Vier Ringe und das Wort Audi erscheinen heute als untrennbare Verbindung. Sieht man das eine, ist auch das andere nicht fern. Beide Zeichen sind in dieser Form und Farbe seit dem 2. September 1995 unter Registrierungsnummer DE039536107 beim Deutschen Patentamt eingetragen und damit geschützt, blicken aber auf eine Geschichte, die über 100 Jahre zurückreicht.

Der Hintergrund für das Entstehen der Vier Ringe von *Audi* soll hier nur kurz skizziert werden.[2]

In Sachsen existierten in den 20er-Jahren zahlreiche Autohersteller, von denen sich die vier bedeutendsten am 29. Juni 1932 zur Auto Union AG mit Sitz in Chemnitz vereinigt hatten. Diese Verbindung der Fahrzeughersteller *Audi*, *DKW* und *Horch* mit der Automobilabteilung der *Wanderer-Werke* wurde mit dem Markenzeichen der Auto Union, den vier ineinander verschlungenen Ringen, symbolisiert. Sachsen gehörte nach dem Zweiten Weltkrieg zur Sowjetischen Besatzungszone. Die Auto Union AG und ihre Anlagen wurden von der Besatzungsmacht demontiert, enteignet und im August 1948 im Handelsregister gelöscht.

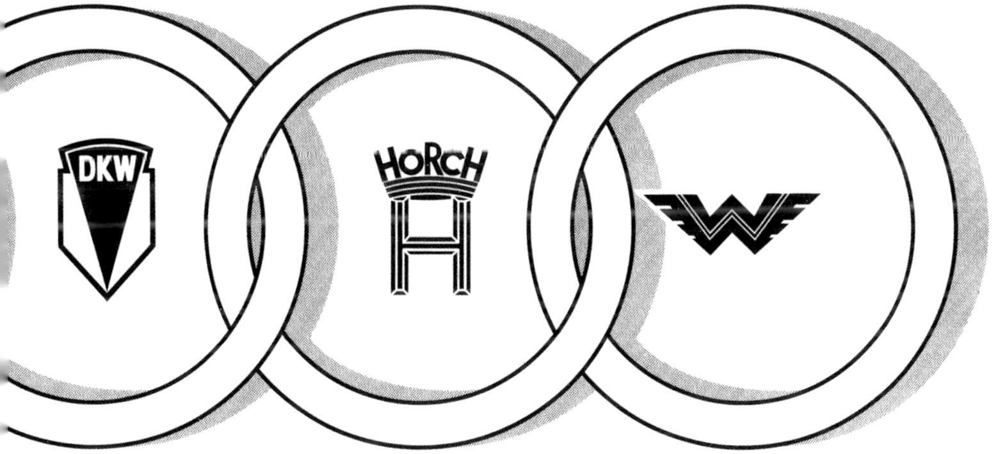

Im Westen gründeten ehemalige Manager des Chemnitzer Unternehmens am 1. September erneut eine Auto Union GmbH in Ingolstadt. Man produzierte zunächst Fahrzeuge mit dem Zeichen der Vier Ringe unter dem Namen DKW. Seit 1965 hießen die Fahrzeuge Audi. 1969 vereinigte sich die *Auto Union GmbH* mit der *NSU Motorenwerke AG* zur *AUDI NSU AUTO UNION AG*, die seit 1985 kurz als *AUDI AG* firmiert.

Es ist außerordentlich reizvoll, sich die damit verbundenen Marken einmal unter dem Aspekt des Entstehens und der Deutung dabei verwendeter Symbole und Worte, also unter semantischen, heraldischen und ikonographischen Gesichtspunkten anzusehen. Allerdings soll hier nicht der Anspruch auf enzyklopädische Vollständigkeit erhoben werden. Die Darstellung gründet sich in erster Linie auf die Erfassung der eingetragenen und geschützten Markenzeichen von den Anfängen bis zur Jahrtausendwende. Darüber hinaus ist versucht worden, auch die tatsächlich an den Fahrzeugen verwendeten Signets zu erfassen und zeitlich zu ordnen. Bereits dabei ergaben sich Schwierigkeiten, weil die Hersteller nicht nur in den frühen Jahren des Automobils damit recht großzügig und keineswegs immer konsequent umgegangen sind. Wenngleich es vor allem auf die Kraftfahrzeuge ankam, so sind wenigstens teilweise auch die Fahrräder einbezogen worden.

Völlig außer Betracht musste das ungeheuer weite Feld der Anstecknadeln, Printmarken, Briefbogenköpfe usw. bleiben. Eine darauf orientierte Betrachtung hätte im Ergebnis zu weder zeitlich noch umfangsmäßig beherrschbaren Aufwandsdimensionen geführt. Aber wie vollständig oder lückenhaft auch immer: Die Fülle der Zeichen, die den Weg der AUDI AG von ihren Anfängen bis in die Gegenwart markieren, symbolisiert einen Reichtum an Geschichte, der seinesgleichen sucht. In diesem Sinne sind Marken auch »Denk-Male«, die unsere Erinnerung beflügeln.

1 Einer Schätzung zufolge ist der ideelle Wert der Marke Audi mit 2,8 MRD DM beziffert worden; vgl. *Wirtschaftswoche Nr. 42 / 12.10.2000* S. 135 f.

2 Ausführlicher sind die Zusammenhänge der Unternehmensgeschichte nachlesbar *in Etzold/Rother/Erdmann: Im Zeichen der Vier Ringe 1873 – 1945 und dies., dito 1945 – 1968* In konzentrierter Form auch zu finden in *Kirchberg / Erdmann / Plagmann: Das Rad der Zeit.*

1. Markenzeichen – täglich und überall

Markenzeichen umgeben uns täglich und überall. Selbst wenn wir in die entlegensten Gegenden flüchten: Der Indianer hat eine Levis an, der LKW mitten in der Wüste zeigt das Outfit von Coca-Cola, und schon der unverfängliche Blick auf unsere eigene Uhr sagt uns mehr als die Uhrzeit. Nahezu jede Ware hat irgendwo ein Label. Als der tschechische Autoproduzent Škoda vor einigen Jahren eine Werbung von einem Auto ohne Markenzeichen schaltete, war die Verwirrung groß. Ein Auto muss eine Marke haben, sonst ist es doch eigentlich kein richtiges Auto.

Aber warum eigentlich? Technisch gesehen ist das Zeichen das Unnützlichste am Auto. Wenn wir es abbauen, ändert sich nichts. Oder?

Natürlich fährt es genauso schnell, sicher und bequem wie vorher, aber – es wird für den Käufer nicht wiedererkennbar. Ohne »Markierung« versinkt es im unübersehbaren Meer der Anonymität. Es bleibt dabei: Ein Auto muss ein Warenzeichen haben. Hinter diesen scheinbar technisch so nutzlosen und gleichzeitig unverzichtbaren Signets verbirgt sich »ein weites Feld«. Zuerst fällt die kaum überschaubare Zeichenvielfalt auf.[1] Wenn man sich nur auf die in Deutschland jemals existierenden Automobilhersteller beschränkt (es sind je nach Zählweise zwischen dreihundert und fünfhundert[2]) und jeder Firma nur zwei bis drei verschiedene Zeichen zuspricht, kommt man schon auf über tausend Zeichen. Aber auch diese Zahl ist sicher noch zu niedrig, denn es gibt Firmen, die allein hundert Zeichen in ihrer Geschichte haben.[3] Die Beschäftigung mit Markenzeichen ist bisher eher ein Randgebiet, mit denen sich Spezialisten nur im Rahmen »ihrer« Firmengeschichte beschäftigen. Vergleiche sind selten – aber hochinteressant.

1 Die Anzahl aller Warenzeichen von Automobilen ist kaum abschätzbar. *Harald H. Linz*, der seit Jahrzehnten internationale Warenzeichen von Automobilen sammelt, hat in seinem Privatarchiv mehr als dreißigtausend entsprechende Zeichen.

2 In *Linz/Schrader, Die große Automobil-Enzyklopädie* sind beispielsweise 313 Marken in Deutschland aufgezählt. Exakt kann die Zahl aber nicht festgelegt werden, da Bezeichnungen von Firmen, Marken,Typen und Waren nicht immer genau voneinander abgegrenzt werden.

3 Der amerikanische Hersteller Oldsmobile hatte z. B. rund 250 verschiedene Zeichen angemeldet. Vgl. *Linz, Automobil-Markenzeichen*, S. 7.

Was steckt da wohl dahinter? Kinder am DKW F 7 (1937).

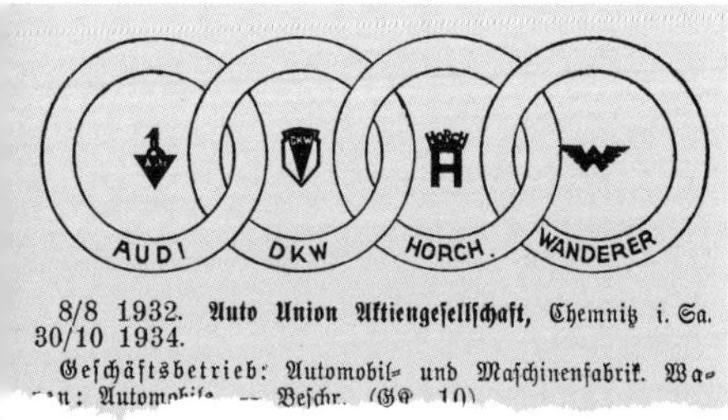

Das erste Warenzeichen der Auto Union AG, Chemnitz, vom August 1932 wurde in dieser Form nur im Printbereich verwendet. Die Daten in den ersten beiden Zeilen der Registereintragung kennzeichnen Antrag und Erteilung des Warenzeichenschutzes (oben).

Das anonyme Auto in der Škoda-Anzeige (unten).

Es geht hier wohlgemerkt nicht um eine Geschichte der Markenzeichen deutscher Automobile, sondern es soll mit Audi ein einzelner Automobilproduzent ausgewählt werden.[4] Dieses Unternehmen hat im Vergleich zu BMW, DaimlerChrysler, Porsche und VW eine ungleich kompliziertere Geschichte durch Neugründungen, Auslagerungen, Fusionen, Aufkäufe und Umbenennungen. Den Vier Ringen von Audi ist es nicht anzusehen, welche komplexe Firmen- und damit Warenzeichenentwicklung hinter ihnen steht. Zum einen vereinigt sich die Geschichte der sächsischen Automobilproduzenten Horch, Audi, DKW und Wanderer, aber auch der Auto Union selbst in den Ringen, zum anderen haben sie in jüngster Vergangenheit die Tradition der Marke NSU ebenfalls in sich aufgenommen. Das ist Grund genug, die Geschichte der Warenzeichen der AUDI AG in ihrem historischen Kontext auszubreiten.

Als Beginn der Geschichte eines Markenzeichens ist das jeweilige Datum der Firmengründung anzusetzen – aber schon hier gilt der Grundsatz, dass jede Geschichte ihre Vorgeschichte hat.[5]

Als Datenquelle der Warenzeichen werden einmal die beim Reichspatentamt und später beim Deutschen Patentamt angemeldeten Zeichen genommen. Für sie gilt der Anmeldungstag als *postquem* – also als spätestes Entstehungsdatum. Die angemeldeten Zeichen sind allerdings nicht immer identisch mit den verwendeten. Oft wurden Zeichen schon lange vor der Anmeldung genutzt; viele angemeldete Zeichen traten weder an den Fahrzeugen noch im Schriftverkehr je in Erscheinung; für einige der verwendeten Zeichen gab es nie einen Markenschutz beim Patentamt.

Die Zeichen an erhalten gebliebenen und restaurierten historischen Fahrzeugen lassen nicht unbedingt eine zeitlich exakte Bestimmung zu. Weil sie Kultcharakter haben und ihrerseits Sammlerobjekte sind, trennten (und trennen) sich die Wege von Produkt und Zeichen oft schneller als erwünscht. Originalfahrzeuge mit Originalzeichen sind nicht so häufig, eher schon die Ausnahme, liebevolle Nachfertigungen nach oft ungeklärten Vorlagen sind dagegen keine Seltenheit.[6]

Eine wenn auch wenig exakte Quelle für die Datierung von Markenzeichen sind die Briefbögen der Firmen. Sie sind aber ebenso wie Print-Werbungen mit Unsicherheiten behaftet. Vor allem in der ersten Hälfte des 20. Jahrhunderts hatten die Druckereien bei der Gestaltung viele Freiräume. Die Drucksachen sind also eher an der Kreativität ihrer Gestalter und den technischen Möglichkeiten der Drucker orientiert.

Außerdem wurden Drucksachen wie beispielsweise Briefbögen oft noch Jahre nach ihrer Entstehung verwendet.

Eine relativ sichere Quelle sind historische Fotos, die sich mit entsprechendem Aufwand oft recht exakt datieren lassen – aber retouchiert wurde auch hier hin und wieder.[7]

Erinnerungen von Zeitzeugen können wichtige Aufschlüsse liefern, sind aber oft ungenau und in der Angabe von Daten, Zeitpunkten und besonderen Details nur selten zuverlässig.

Die Begriffe Markenzeichen und Warenzeichen werden synonym für das juristisch exakte Wort Marke verwendet.[8] Sie umfassen ein bildhaftes zweidimensionales Zeichen, grafisch besonders gestaltete Buchstaben sowie dreidimensionale Plastiken. Marken- oder Warennamen sind hingegen nicht an eine bestimmte grafische Gestaltung gebunden. Warenname und Warenzeichen werden von einer bestimmten Firma gehalten. Jedes Unternehmen kann beliebig viele Warenzeichen anmelden und nutzen, das Recht der Nutzung aber auch anderen Firmen übertragen.

Markenzeichen in der Printwerbung. Audi synonymisierte 1923 das neue Markenzeichen mit dem brandneuen Typ M, der einen Sechszylindermotor aus Leichtmetall, eine selbst entwickelte Vierradbremse und eine silberglänzende Alu-Motorhaube besaß (Archiv AUDI AG).

4 In einer Exklusiv-Studie des Manager Magazins Capital zum Corporate Branding von 143 Unternehmen aus 9 Branchen wird der Wert des Unternehmens als Marke untersucht. Dabei kam Audi hinter Nokia (1. Platz) und BMW auf den dritten Rang. Vgl. dazu im Einzelnen: *Walter Hillebrand, Reinhard Kowalewska und Thomas Luber: Die Marken-Macher.* In: *Capital 13/2002, S. 44 ff.*

5 Das gilt beispielsweise, wenn Unternehmen ab einem bestimmten Zeitpunkt die Automobilproduktion zusätzlich aufnehmen und die für andere Produkte von ihnen bereits genutzten Warenzeichen für Autos übernehmen.

6 Neue nachgemachte Zeichen sind in der Regel einfach zu erkennen. Sie haben keine Geschichtsspuren wie Kratzer, Ausbleichungen, Beschädigungen und sind teilweise mit Fertigungsverfahren und Materialien hergestellt, die es zu Zeiten des Originals noch nicht gab.

7 An offiziellen Fotos wie beispielsweise Pressefotos wurde dabei wesentlich häufiger als bei Privatfotos retouchiert.

8 Der Begriff »Marke« ist seit Mitte der 90er-Jahre des 20. Jahrhunderts in der Rechtssprache verbindlich.

2. Ein Kapitel Wappenkunde

Benz im Lorbeerkranz 1911.

Eine Beschäftigung mit Zeichen und Formen setzt Informationen und eine Terminologie voraus, die hier komprimiert vorangestellt wird.

Ein Symbol für das Auto ist zunächst einmal seine Form selbst. Da sich diese Form aber insbesondere in der ersten Hälfte des 20. Jahrhunderts permanent wandelte, ließ sich kein längerfristig gültiges Zeichen daraus formen.[1] Also griff man auf die erwünschte Eigenschaft der Geschwindigkeit zurück und nutzte zu deren Symbolisierung tradierte Formen.

Die Geschwindigkeit ist – entgegen anders lautenden Vorurteilen – kein Phänomen der heutigen Zeit. Bereits spätestens seit der Antike haben Menschen mit den Begriffen Schnelligkeit und Langsamkeit etwas anfangen können. Im Laufe der folgenden Jahrtausende gewannen sie immer bedeutendere Dimensionen. Über Tempolimits diskutierten die Franzosen beispielsweise bereits im ausgehenden 17. Jahrhundert.[2] Schon wesentlich länger gibt es in der bildenden Kunst feste Symbole für Geschwindigkeit. Es sind dies die Flügel, der Blitz und der Pfeil.

Sie ließ sich aber auch durch Siegessymbole darstellen. Insbesondere der Siegerkranz war und ist ein beliebtes Element bei der Gestaltung von Markenzeichen für Automobile.

Die Farben der Markenzeichen wie auch die so genannten Hausfarben der Unternehmen sind in den seltensten Fällen zufällig gewählt. Sie haben sehr oft einen lokalen Bezug, sind also den Stadt- oder Landesfarben entlehnt, oder haben einen familiengeschichtlichen Hintergrund. Damit stehen sie in einer Tradition, die sich bis in das Mittelalter hinein verfolgen lässt. Die Wappenkunde, die Heraldik, lehrt, dass Farben auch immer bestimmte Bedeutungsträger sind. Nur in wenigen Ausnahmen ist uns das noch heute bewusst – wie zum Beispiel bei Weiß als Farbe der Unschuld. Die klassische Heraldik kennt nur wenige Grundfarben. Sie werden Tinkturen genannt und sind Rot, Blau, Grün, Violett und Schwarz.[3] Gelb ist die heraldische Farbe für

Gold, Weiß die für Silber. Die Farben hatten ihre eigenen Bedeutungsfelder und konnten nicht beliebig kombiniert werden. Eine Grundregel lautet, dass weder Farbe an Farbe noch Metall an Metall verwendet werden soll.[4] In Schwarzweiß-Darstellungen werden die Farben seit dem 17. Jahrhundert mit genau definierten Schraffuren dargestellt. Waagerechte Linien der Schraffur bedeuten beispielsweise die Farbe Blau; BMW nutzt diese Darstellung bis heute zur Kennzeichnung von Einzelteilen.

Der Ring als Umfassung eines Kreises hat die Menschheit wohl von Anbeginn ihres Seins fasziniert. In der Natur kam der Kreis zunächst in Gestalt der Himmelskörper vor und hatte als Form und Abbild bald aber auch kultisch-pragmatische Bedeutung.

Greifbar wird der Kreis als Kultsymbol in Mitteleuropa spätestens im fünften Jahrtausend v. Chr. bei Keramik zunächst als Ornament[5] und später als Symbol der Sonne.

Bereits die altägyptische Schrift im dritten vorchristlichen Jahrtausend bediente sich des Kreises (mit Kreismittelpunkt). Das Zeichen nennt sich *ra*, Sonne.[6]

Die jungsteinzeitlichen Kulturen Oberägyptens kannten den Ring als Schmuck. Er war zunächst aus Knochen oder Elfenbein, später auch – je nach Stand der Metallverarbeitung – aus Bronze, Eisen und Gold. Spätestens seit der mitteleuropäischen Bronzezeit[7] sind Steinkreise bekannt.

Trauringe sind wohl schon in vorchristlicher Zeit üblich gewesen; durch Plinius sind die Kenntnisse über den Gebrauch von Verlobungsringen bei den Römern im 2. Jahrhundert gesichert. Die uns auch heute noch bekannte schlichte Reifform von Eheringen ist seit dem 16. Jahrhundert üblich.

Der Ring ist bis in die Gegenwart Synonym für die Vereinigung Gleichberechtigter ohne Hierarchie.[8] In die Alltagsikonographie des 20. Jahrhunderts sind die Ringe unter anderem als Zeichen der Olympischen Spiele eingegangen.

Das Oval – vom lateinischen *ovum*, Ei, abgeleitet – ist eine der mathematischen Ellipse angenäherte Form aus Kreissegmenten. In der Antike nutzte man ovale Arenen. Dem italienischen Baumeister Peruzzi wird zugeschrieben, um 1520 aus dem Oval eine Kunstform entwickelt zu haben. Der ovale Petersplatz in Rom (1657–67) stellt eines der bekanntesten Baukunstwerke dieser italienischen Entwicklung dar.

Blaue Farbe als waagerechte Schwarzweiß-Schraffur bei BMW (Mai 1940) (oben).

Bauhaus am Bauhaus: die Schrift am Dessauer Bauhaus (unten).

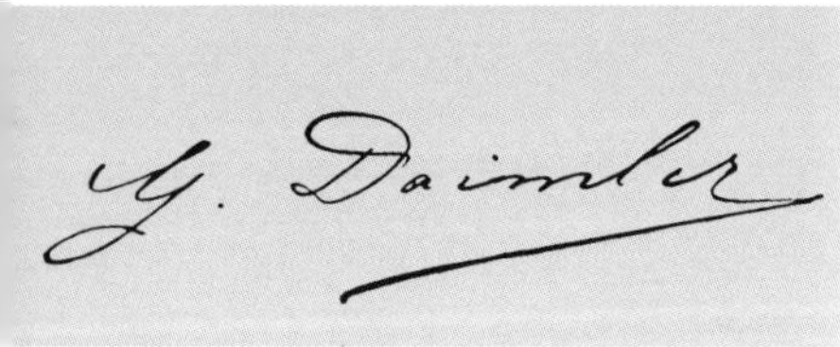

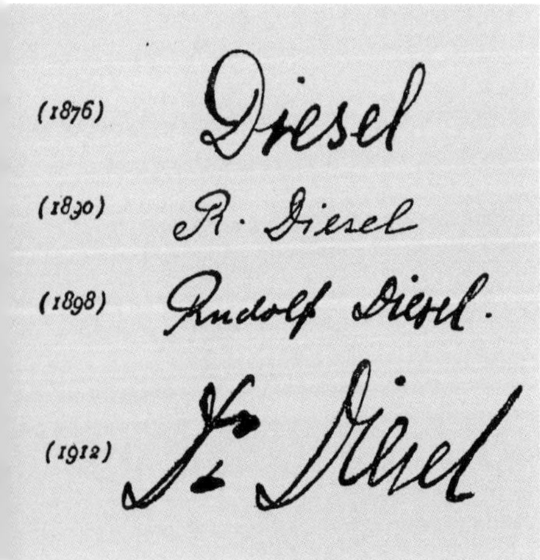

Die Schreibschrift-Initialen in Sütterlin-Schrift bei Slaby Beringer (oben).

Die Unterschrift Gottlieb Daimlers (Mitte).

Der Wandel in der Unterschrift Rudolf Diesels (unten).

Im Barock huldigte nahezu ganz Europa dem Oval, der Klassizismus ließ es danach aber fast aussterben. Der Historismus entdeckte noch im späten 19. Jahrhundert die Form erneut und verhalf ihr zu vielfältiger Anwendung als gestalterisches Element nach der Industriellen Revolution. Es hatte vor allem den Vorteil, einen Kompromiss zwischen Kreis und einem Schriftzug zu ermöglichen, denn in einen Kreis eingeschriebene Schriftzüge haben stets den Nachteil der schlechten Lesbarkeit.

Das Patentrecht unterscheidet zwischen Wortmarke und Bildmarke. Erstere ist zunächst einmal sprachwissenschaftlich von Bedeutung. Neben der Etymologie und Semantik der Wortmarke ist aber immer auch ihre grafische Gestaltung, also ihre Typografie interessant. Bei den in dieser Arbeit verwendeten Wortmarken ist vor allem die Gestaltung der Druckschrift vom ausgehenden 19. Jahrhundert bis zum Beginn des 21. Jahrhunderts zu betrachten. Die Renaissance hatte die Schrift der Römer mit ihrer Form und den kleinen Haken am Ende der Linien in der Druckkunst etabliert. Diese *Antiqua*-Schrift, die auch heute noch eine der am meisten verwendeten Schrifttypen ist – z. B. *Times New Roman* –, war in den Anfangsjahren des Automobils neben der so genannten *Fraktur* die bestimmende Schrift in den Printmedien. Dabei wurde die Antiqua eher als die progressive, die Fraktur eher als die konservative Schriftart angesehen. Mit der Suche nach einer neuen Kunstform nach der Zeit des Historismus kam um das Jahr 1900 eine ganze Reihe von neuen Typografien auf den Markt. Insbesondere der *Jugendstil* schuf mit seinem Hang zur Verwendung floraler Elemente eine Reihe neuer Schriftarten, deren Nutzung allerdings auf die kurze Zeit bis zum Ersten Weltkrieg beschränkt blieb. Seit dem Ende der 1910er-Jahre wendete man sich von den detailreichen Schriften ab und suchte in entgegengesetzter Richtung nach sachlichen, möglichst einfachen Schriften. Die Kunstrichtung *Neue Sachlichkeit* und auch das *Bauhaus* gaben Impulse zur Entwicklung von Schriften, die sich möglichst nur auf die Bestandteile Kreis und Gerade beziehen sollten. Die moderne Groteskschrift *Arial* ist ein Ergebnis dieser Entwicklung. Die (deutsche) Fraktur ist in der Erinnerung vor allem dadurch belastet, dass sie von den Nationalsozialisten anfangs besonders bevorzugt worden ist, bevor sie die (römische) Antiqua vereinnahmten. In den 50er-Jahren kam es wiederum zu einer Renaissance der Schreibschrift. Insbesondere in der Werbung versuchte man die Verwendung von normierten Buchstaben, die eine Handschrift nachahmten.

Das Ford-Logo am Ingolstädter Ford-Haus Bacher 2002.

Die Verwendung von Schriften war in einigen Unternehmen relativ freigestellt. So verwendete Daimler-Benz bis Anfang der 90er-Jahre die Schriften *Times*, *Helvetica* und *Futura* parallel. Erst um 1992 entwickelte Professor Weidemann von der Staatlichen Akademie in Stuttgart die Schriftfamilie *Corporate*, die als *Corporate A* (eine Antiqua), *Corporate S* (eine Grotesk) und *Corporate E* (eine Egyptian) gebraucht wird und sogar auf eine gemischte Verwendung abgestimmt wurde.

Neben der Druckschrift spielte bei Markenzeichen in der Pionierzeit des Automobils aber auch die Handschrift eine wichtige Rolle. Die Lehre von der Deutung der Handschrift als Ausdruck des Charakters – die Grafologie – nahm sowohl innerhalb der Geisteswissenschaften als auch in der Populärwissenschaft einen bedeutenden Platz ein.[9] Mit der Unterschrift des Firmengründers wurde quasi eine Echtheitserklärung für das Objekt abgegeben, der Unterzeichnete bürgte damit für die Qualität seines Produktes. Noch heute kann man diese Kategorie von Warenzeichen finden, insbesondere im Bereich der Nahrungs- und Genussmittel. Die beabsichtigte Wirkung ist allerdings nur zu Lebzeiten der entsprechenden Person zu erzielen.

So ist die 1911 als Warenzeichen angemeldete Unterschrift des 1900 verstorbenen Gottlieb Daimler dann auch nie an Fahrzeugen verwendet worden. Allerdings konnte die Unterschrift – und das war bei vielen Warenzeichenanmeldungen ein wichtiger Punkt – von keiner anderen Person genutzt werden.

Bei der Betrachtung der Bedeutung der Handschrift sei hier auf eine Darstellung Eugen Diesels, eines Sohnes des Erfinders des Dieselmotors Rudolf Diesel, verwiesen, der darauf aufmerksam machte, dass die Entwicklung der Unterschrift seines Vaters durch dessen Beschäftigung mit Motordiagrammen stark beeinflusst worden sei.[10]

Einer der wenigen Automobilhersteller, der heute noch die Schreibschrift in seinem Warenzeichen führt, ist Ford. Der Schriftzug, noch aus den Gründungstagen stammend, ist zwar ab und zu leicht variiert, aber nie grundlegend verändert worden.

1 Versuche hat es dazu insbesondere bei Kleinwagen (z.B. Hanomag) gegeben.

2 In Paris wurde sogar bereits am 28. Januar 1539 eine Verordnung gegen Wettrennen mit Pferdekutschen erlassen. Vgl. auch *Maak, Spirits of Ecstasy*, S. 647.

3 In der britischen Heraldik finden sich abweichend auch die Farben Orange und Rotbraun. Neue Wappen haben ein größeres Farbrepertoire.

4 Diese Regel kennt aber sehr viel Ausnahmen.

5 Die Bandkeramik aus dem Neolithikum (fünftes bis drittes Jahrtausend v.u.Z.) zeigt sporadisch Kreismuster. Vgl. *Müller-Karpe, Handbuch der Vorgeschichte*, S. 132 u. 362.

6 Vgl. *Faulmann, Schriftzeichen und Alphabete*, S. 30.

7 Etwa 2000–700 v.u.Z., insbesondere aus der Hügelgräberzeit (1600–700 v.u.Z.), sind ringförmige Steinsetzungen bekannt.

8 »Der Ring« nannte sich beispielsweise eine Berliner Architektenvereinigung, der seit 1923/24 u.a. Bruno Taut, Walter Gropius, Hans Poelzig, Erich Mendelsohn u.a. angehörten.

9 Eine weit verbreitete Auffassung am Ende des 19. Jahrhunderts war, dass die Handschrift die Seele grafisch abbilden würde, vgl. hierzu besonders die seinerzeit sehr beachtete und mehrfach aufgelegte Abhandlung über die Handschrift und den Charakter von *J. Crépieux-Jamin: L'écriture et le caractére*, Paris 1888.

10 Vgl. *Eugen Diesel: Diesel. Der Mensch. Das Werk. Das Schicksal*, S. 504

3. Die Geschichte der Markenzeichen

Das erste Markenzeichen an einem Automobil am Daimler-Riemenwagen (1895).

Gar nicht so selten war es noch in den 30er-Jahren, dass sich die Besitzer ihre Namensinitialen auf die Tür ihres Autos malen ließen – hin und wieder sogar durch das Familienwappen ergänzt. Die Karosseriehersteller platzierten ihre Markenzeichen traditionell am Fuße der A-Säule. Das Logo als Kühlerfigur markierte den Hersteller (rechte Seite oben).

Die Entstehung von Markenzeichen ist mit der Entwicklung des Handels verbunden. Sie dienten von Anfang an der Herstelleridentifizierung und damit der Zusicherung einer bestimmten Qualität. Schon frühzeitig gesellten sich zu den Zeichen auch deren Fälschungen: Bereits in der Gesetzgebung des Hammurabi um 1800 v. Chr. wurde die Fälschung von Herstellersiegeln bestraft.[1] Aus dieser Zeit liegen leider keine Herstellersiegel mehr vor. Die ältesten Herstellerzeichen sind auf Eisenwaren überliefert. Der Übergang von Meistersignaturen wie beispielsweise Steinmetzzeichen zu Markenzeichen einer ganzen Werkstatt war fließend. Markenzeichen im heutigen Sinne traten seit dem Mittelalter insbesondere durch das Zunftwesen hervor. Sie waren an die Einhaltung bestimmter Richtlinien bei der Materialauswahl und der Verarbeitung gebunden. Stadt- und Meisterzeichen sind seit 1548 durch ein Reichsgesetz bei einer Vielzahl von Waren vorgeschrieben gewesen. Es bestand also nicht nur ein Zeichenrecht, sondern im gewissen Umfang sogar ein Zeichenzwang.

Aus den regionalen Vorschriften der Zünfte gingen Markenwaren und Zeichen hervor, die in einzelnen Fällen – wie *Solinger Klingen* – bis heute erhalten sind. Die sächsischen *Kurschwerter* sind – aus dem Stahlhandwerk kommend – ab 1722 als Markenzeichen der *Kurfürstlichen Porzellanmanufaktur Meißen* verwendet worden. Sie sind unter dem Begriff *Meißner Schwerter* als erste europäische Porzellanmarke weltweit bekannt geworden und unzählbar oft in mehr oder weniger Varianten nachgeahmt worden.[2] Diese Vielzahl und oft auch verwirrende Ähnlichkeit der Markenzeichen löste mancherorts Bestrebungen aus, eine gewisse, vor allem überschaubare Ordnung zu schaffen. So hat z.B. der pfälzische Kurfürst Karl Theodor 1765 und 1766 Vorschriften zur Neuregelung des Zeichenwesens erlassen. Damit verbunden war die Anlegung von Markenregistern, deren Vorläufer die in den Rathäusern der Städte hinterlegten Tafeln mit den Meister- und Zunftzeichen waren.

Insbesondere aus der Metallverarbeitung ist eine große Zahl von Marken bekannt; genannt seien hier die Gold- und Silberschmiedezeichen und die Zinnzeichen. Aber auch Bereiche wie das Glashandwerk haben einen reichen, teilweise auch gut dokumentierten Zeichenschatz hinterlassen. Mit der beginnenden Industrialisierung setzte ein regelrechter Schub bei der Entstehung von Markenzeichen ein, die überregionale Bedeutung besaßen. Nach der Reichsgründung 1871 sind anfangs der 70er-Jahre des 19. Jahrhunderts in Deutschland die Grundgesetze des gewerblichen Rechtsschutzes erlassen worden. Darunter sind vor allem in unserem Zusammenhang das Markenschutzgesetz (30. November 1874) und das Musterschutzgesetz (11. Januar 1876) hervorzuheben. Das auch dafür zuständige und nach dem Erlass des Patentgesetzes im Juli 1877 gegründete Patentamt in Berlin führte seitdem die Warenzeichenregister weiter.[3]

Der Maler und Grafiker Willi Pätzold (1885–1978) schuf das Markenzeichen für Gläser-Karosserien aus Dresden schon 1918; in dieser hier gezeigten Form wurde es seit etwa 1928 verwendet. Gläser war Hauptlieferant an Sonder- und Cabrioletkarosserien für die Auto Union.

Das erste Automobil rollte 1886 auf die Straße, ein Warenzeichen besaß es gewiss nicht. Dieser Benz-Wagen, der heute im Deutschen Museum in München steht, hat zwar eine Messingplakette mit dem Schriftzug Benz – dies dürfte aber eine spätere Zutat sein.

Markenzeichen an Automobilen und Motorrädern entstanden erst mit zunehmender Herstelleranzahl, der damit verbundenen wirtschaftlichen wie auch sportlichen Wettbewerbssituation und der Expansion nach ausländischen Märkten. Die ersten Hersteller nutzten – wenn überhaupt – Zeichen, die denen der Kutschenfertigung, des Fahrradbaus oder der Dampflokproduktion ähnelten. Eine Vielzahl der Pionier-

Plaketten am Auto konnten auf vieles hinweisen, hier z.B. am Audi Versuchswagen, mit dem der Aerodynamiker Paul Jaray seine Stromlinientests fuhr, auf Mitgliedschaften in Automobilclubs und Versicherungen.

firmen war diesen Branchen verbunden bzw. ist aus ihnen hervorgegangen.

In der Folgezeit suchte man ein dem Automobil entsprechendes Zeichen. Zunächst stellte man auf Plaketten das Automobil selbst dar. Diese Zeichen konnten aus zwei verschiedenen Gründen nicht lange verwendet werden: Erstens änderte sich das Aussehen der Fahrzeuge sehr rasch, und zweitens widersprach ein detailliertes Warenzeichen der schnellen Erkennbarkeit, die gerade beim Kraftfahrzeug wichtig war.

Einen starken Einfluss auf die Entwicklung der Warenzeichen übten aber offenkundig auch die Besitzerzeichen und insbesondere die Zeichen der Automobilclubs aus. Beide griffen auf traditionelle Symbole und die Wappenkunde zurück. Die Heraldik hatte den Grundgedanken entwickelt, dass ein Wappen einen realen Gegenstand auch stark stilisiert darstellen kann. Das galt für die meisten erfolgreichen Markenzeichen. Nach der Jahrhundertwende entstanden dann die ersten »richtigen« Markenzeichen an Automobilen. Dennoch dauerte es etwa bis zum Ersten Weltkrieg, bis sie sich dafür durchgesetzt hatten.[4] Üblich wurde etwa ab 1900 die Verwendung von Schriftzügen auf dem Kühlergrill. Diese Schriftzüge waren entweder aus Messingblech gesägt oder aber mit Farbe auf die Kühlerwaben aufgetragen. Sie waren aber oft nicht serienmäßig, sondern wurden vorzugsweise bei öffentlichkeitswirksamen Aktionen verwendet.[5] In den 20er-Jahren verzichteten die Hersteller dann immer öfter auf die Schriftzüge und konzentrierten sich stattdessen auf die Markenzeichen.

Viele Hersteller fanden relativ rasch ein Zeichen, das prägnant und gleichzeitig fast zeitlos mit nur geringfügigen Modifikationen über mehr als ein halbes Jahrhundert belassen werden konnte. Beispiele dafür bieten Mercedes und BMW.

Andere wieder schufen sich Zeichen in enger Anlehnung an die zeitgenössische Kunst und an den Zeitgeschmack. Naturgemäß wechselt jener, und somit sind heute moderne Zeichen morgen bereits wieder von gestern. Ein Beispiel dafür bot Opel.[6]

In der Frühzeit der Automobile wurde vor allem das Herzstück, der Motor, mit dem Herstellernamen versehen. Eine Plakette am Fahrzeug gab manchmal einige technische Daten oder die Patentnummer und oft den Besitzer an.

Die vermutlich früheste Plakette im Sinne eines Warenzeichens in Deutschland ist wohl das Zeichen an einem Daimler-Riemenwagen von 1895.[7] Es zeigt den Daimlerwagen und als zusätzliches Ornament ein geflügeltes Rad. Dieses Element wirkt wie ein Zitat aus dem Eisenbahnwesen und steht in einer numismatischen Tradition. In der Folgezeit war der Herstellername oft auf den Trittbrettern zu finden. Vereinzelt fand sich das Zeichen auch schon an der Karosserie hinter den vorderen Kotflügeln vor dem Einstieg. Diese Stelle wurde bereits bei Kutschen als Anbringungsort für Herstellerplaketten genutzt. Dort ist bis heute der übliche Ort für Zeichen der Karosseriehersteller. Ebenfalls sehr früh nutzte man die Radnaben und später die Radkappen für die Zeichen. Die Befestigung am Kühler setzte sich etwa ab 1910 durch, das Heck blieb hingegen lange zeichenlos. Erst ab etwa 1930 setzten sie sich auch dort durch. Etwa seitdem sind auch Zeichen auf dem Lenkrad üblich.

Die am Automobil befestigten Zeichen hatten oft mit dem Hersteller oder seiner Marke nicht das Geringste zu tun. Das galt z.B. – abgesehen von den Insignien der Zulieferer wie Karosseriebauer, Kühlerlieferanten usw. – in erster Linie für Verbandsplaketten, Erinnerungsmedaillen oder Fantasiezeichen. Ein Beispiel für ein über alle Hersteller hinweggreifendes Signet stellte der Reichsverband der Automobilindustrie (RDA) im November 1928 öffentlich vor. Das im Ergebnis eines Preisausschreibens entstandene Symbol in Gestalt einer Eichel und eines Eichenblattes war mit dem Wort »Deutsch« versehen. Es sollte künftig an Fahrzeugen befestigt werden, die zu 75 Prozent ihres Wertes deutsche Werkstoffe und die Leistung deutscher Arbeitskräfte enthielten. Automobile zeigten es am Kühler, Motorräder auf dem Kotflügel des Vorderrades.[8]

1 Vgl. *Hans Ottomeyer, Garantiert Qualität.* In: *Bäumler, Die Kunst zu werben*, S. 18 f. Welche Vielzahl die Markenzeichen im Handwerk erreichen konnten, ist bei *Hartmann, Glasmarkenlexikon 1600–1945,* ablesbar. Das umfangreiche Werk ist besonders durch den Versuch interessant, eine Typologie von Markenzeichen zu schaffen. Ein Vergleich der Glasmarken mit den Markenzeichen der Automobile zeigt, dass, abgesehen von Buchstabenzeichen, die Typologie stark vom Warengegenstand abhängig ist.

2 Vgl. *Danckert, Handbuch des Europäischen Porzellans.* München 1992.

3 Nach dem Zweiten Weltkrieg und der deutschen Teilung waren dafür das Amt für Patent- und Erfindungsschutz der DDR in Berlin für den Osten und das Deutsche Patentamt in München für den Westen zuständig.

4 Zeitgenössische Bilder zeigen in dieser Zeit immer wieder Fahrzeuge ohne Markenzeichen oder sonstige äußerlich erkennbare Herkunftsmerkmale.

5 Fotografien von Wettbewerben und Ausstellungen zeigen die Schriftzüge oft, private Fotos hingegen seltener. Beispielsweise trugen bei der Übergabe mehrerer Horch-Fahrzeuge an einen Großabnehmer nur die Autos in der ersten Reihe diese Zeichen. Vgl. Fotografien Horch 1906–1918, Archiv AUDI AG.

6 Die Adam Opel AG hat mit *Hoffmann/Kohout, Zeichen der Zeit,* eine Darstellung ihrer Markenzeichengeschichte vorgelegt.

7 Das Fahrzeug ist seit 1906 im Besitz des DMM. Der einzige Vorbesitzer (Arthur Junghans / Junghans-Uhren) hat es dem Museum gestiftet. Diese sehr überschaubare Provenienz und historische Fotodokumente mit dem Zeichen lassen den Schluss zu, dass es sich bei dieser Plakette um ein Original handelt.

8 *Das Motorrad. Wien. 4 (1928/29) 93,* S. 144.

4. Eine Sache für sich: Die Kühlerfiguren

Die »Emily« auf dem Kühler des Rolls-Royce Phantom I (1927/28).

Über die Entstehung von Kühlerfiguren gibt es unterschiedliche Theorien und Auffassungen.[1] Der Kunsthistoriker Erwin Panowsky geht vom Betrachter des Automobils aus: Der Kühler wird einer Tempelfassade und die Kühlerfigur somit der bekrönenden Tempelfigur gleichgestellt. Einige Automobilhistoriker leiten die Figur hingegen vom Nutzer des Automobils ab. Die Fahrer der ersten Automobile hatten eine noch recht unzureichende Lenktechnik zur Verfügung. Die Straßenlage und die Manövrierfähigkeit erforderten sehr viel Geschick. Als die Motoren um 1900 von dem Fahrzeugheck über die Vorderachse verlagert wurden, bot sich der höchste Punkt des Kühlers als Visierpunkt zur besseren Steuerung des Automobils an.

Schließlich wird einer Kühlerfigur von Anfang an eine Art Galions-Charakter zugesprochen. Vergleichbar etwa dem Schiffbau hat sie eine Amulett- oder auch Glücksbringer- bzw. Talisman-Funktion.

Verbürgt ist, dass nicht die Automobilhersteller, sondern die Fahrer selbst die ersten Kühlerfiguren anfertigen und aufmontieren ließen. Die älteste erhaltene Figur ist vermutlich die des *Heiligen Christophorus*, die Lord Montagu of Beaulieu für sein *Daimler-Fahrzeug* 1896 anfertigen ließ.[2] An dieser frühen Kühlerfigur ist noch die Verbindung zur christlichen Ikonographie ablesbar. Die Figur des Christophorus als Schutzheiliger der Reisenden war insbesondere bei Pilgerreisen ein übliches Reiseutensil. Der Anblick eines Christophorus-Bildes galt lange Zeit unter besonderen Umständen als Ersatz für die Sterbesakramente.

Die von den Fahrzeugeigentümern aufmontierten Kühlerfiguren der folgenden Dekaden hatten allerdings äußerst selten direkte Bezüge zur christlichen Ikonografie. Der Adel griff auf die eigenen Hoheitszeichen in Form von Wappen und Standarten zurück, der Nichtadel ließ teilweise sehr fantasiereiche und mitunter auch kryptische Zeichen

Diese Horch-Kühlerfigur schuf 1923 der Bildhauer Rudolf Belling (1886 – 1972). Er nannte das Fabelwesen »Horchtier«. Die Skulptur ist 9,7 cm hoch und aus Bronze. Eine ihrer Bestimmung gemäße Verwendung fand sie nicht.

»Der gute Stern auf allen Straßen« als Kühlerskulptur am Mercedes, steht seit 1921 als Beispiel eines über Jahrzehnte beibehaltenen Markenzeichens in der Automobilindustrie (links).

Das verschlungene Doppel-S war das Firmenlogo des Elektrokonzerns Siemens-Schuckert. Es fand auch Verwendung als Kühlerfigur am Protos (1922), dem Produkt einer Tochterfirma des Elektro-Riesen (rechts).

anfertigen. Eine Klassifizierung fällt hier schwer, zumal die Skulpturen der automobilen Kultur wenig konservatorische oder gar wissenschaftliche Aufmerksamkeit erhielten.[3] Die im anglo-amerikanischen Sprachraum weit stärker ausgeprägte Sammlergemeinde geht von einigen frühen Kühlerfiguren als Herstellerzeichen aus. Die blieben mit dem *Schmied* von *Vulkan*, 1902, und dem *Spirit of Ecstasy* von *Rolls-Royce* ab 1911 aber isolierte Ausnahmen.[4] *Rolls-Royce* veröffentlichte im Juni 1911 folgende Anzeige und gab damit Hinweise auf die Motivation der Schaffung einer eigenen Figur:

Es wurde festgestellt, dass gewisse Rolls-Royce-Besitzer den Kühlerverschluss ihres Wagens mit teilweise grotesken Maskottchen versehen haben. Die Konstrukteure von Rolls-Royce haben deshalb Mr. Charles Sykes beauftragt, eine würdige Figur zu schaffen. Der Künstler nennt seine anmutige kleine Göttin »Spirit of Ecstacy«, damit sie sich auf der Front unserer Wagen im Fahrtwind ergötze.[5]

Der Geist der Verzückung sollte aber zunächst einen anderen Namen erhalten: *Spirit of Speed.*[6] Das Vorbild der kleinen Figur ist bekannt: Es ist die *Nike von Samothrake.*[7] Der Gestalter – immerhin Mitglied der Royal Academy[8] – wird das im Pariser Louvre ausgestellte Original gekannt haben. Hier offenbart sich der Zeitgeist: Die antike Siegesgöttin wird in *Geist der Geschwindigkeit* umgetauft. Dass der etwas respektlos *Emily* genannte *Geist der Verzückung*[9] im Laufe der Zeit bei über einem Dutzend Veränderungen immer schlanker wurde, hat wohl etwas mit dem veränderten Schönheitsideal im Laufe des 20. Jahrhunderts zu tun.

Gesicherte Informationen zur Einführung der Kühlerfiguren als Warenzeichen bei deutschen Automobilen sind rar. Wohl ist bekannt, dass die *Adlerwerke vorm. Heinrich Kleyer AG* Frankfurt einen die Schwingen ausbreitenden Adler als Kühlerfigur bereits vor dem Ersten Weltkrieg nutzten. Greifbar wird die Anmeldung des Mercedes-Sterns als Kühlerfigur am 5. November 1921 beim Reichspatentamt (304501). In der Folgezeit setzte ein regelrechter Wettbewerb um Kühlerfiguren ein. Nicht nur prestigeträchtige Marken suchten nach entsprechenden Figuren, selbst die auf rein praktische Produkte orientierten Framo-Werke verzichteten nicht darauf. Erst der Gesetzgeber setzte wegen des erheblichen Verletzungsrisikos bei Unfällen den Kühlerfiguren ein Ende.

Der Jaguar wird heute deshalb nur als Zubehör angeboten und lauert bei TÜV-Terminen im Handschuhfach. Mercedes hat den Stern umklappbar gestaltet und dafür eine Ausnahmegenehmigung erhalten. Rolls-Royce hat mit einem erheblichen ingenieurtechnischen Aufwand das Problem gelöst: Der *Geist der Verzückung* verschwindet bei der geringsten Berührung in einem Versteck.

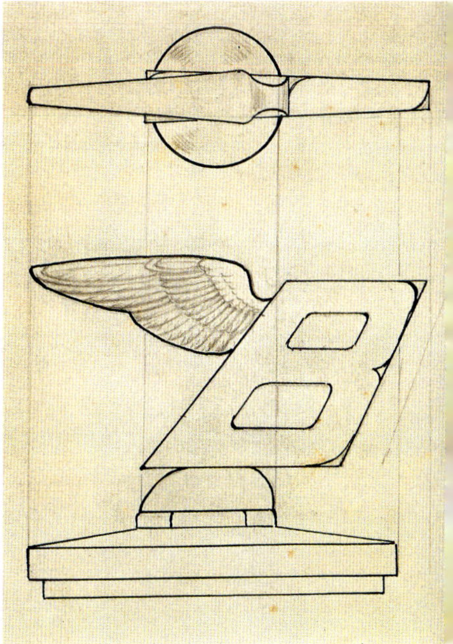

Charles Sykes (1875 – 1950) hat im Auftrag von Rolls-Royce nicht nur die Emily, sondern auch eine Kühlerfigur für die seit 1931 zum gleichen Edelautobauer gehörende Marke Bentley geschaffen. Fünf Jugendstilentwürfe von ihm wurden abgelehnt, genommen wurde das strenge, nach vorne geneigte, geflügelte B – nach 1931 jahrzehntelang auf dem Bentley-Kühler zu bewundern.

1 Der Terminus *Kühlerfigur* ist hier vom kunsthistorischen Begriff der *Figur* zu trennen. Kühlerfiguren gehören zur Gattung der Kleinplastik. Genau genommen sind viele Kühlerfiguren (z. B. der Mercedes-Stern) Kühlerskulpturen.

2 Die Figur wird im Motor-Museum in Hampshire aufbewahrt. Vgl. *Williams, Motoring mascots of the World,* S. 12. Das Fahrzeug gehörte dem Vater des Herausgebers des Automobil-Lexikons *The Beaulieu Encyclopaedia.*

3 Reimar Zeller verweist in diesem Zusammenhang darauf, dass *die geringste Scherbe aus irgendeiner antiken Spätphase noch immer mit hingebungsvoller Sammel- und Konservierungsleidenschaft rechnen darf* (aus: *Zeller, Das Automobil in der Kunst.* S. 48) und demgegenüber die Aufmerksamkeit für künstlerische Objekte am Auto in Deutschland fehlt.

4 Vgl. *Williams, Motoring mascots of the world,* S. 12.

5 Dieser Hinweis ist zu danken Herrn Hans Straßl (Oberkonservator im DMM).

6 Vgl. *Wood, Rolls-Royce,* S. 23 ff.

7 Die Originalfigur entstand vermutlich um 190. v. Chr. Sie zeigt die Siegesgöttin bei der Landung auf einem Schiff.

8 Vgl. *Mackay, Sculptors in Bronce,* S. 364.

9 Auf die Übersetzung von *ecstacy* mit *Extase* wird hier zugunsten des passenderen Wortes *Verzückung* verzichtet.

5. Die Marke Horch

Der Ursprung der Marke

Die erste Horch-Anzeige stellte deutlich den persönlichen Bezug zum Automobilkonstrukteur heraus.

Der Ursprung des Markennamens *Horch* geht auf den seit 1896 bei Carl Benz in Mannheim als Leiter der Abteilung Motorwagenbau beschäftigten Konstrukteur August Horch (1868 – 1951) zurück. Horch hatte danach am 14. November 1899 eine eigene Werkstatt unter dem Namen *A. Horch & Cie*[1] in Köln gegründet. Das erste Fahrzeug wurde 1901 fertiggestellt. Ein Markenzeichen im heutigen Sinne dürfte dieses Fahrzeug nicht besessen haben; überliefert ist allerdings eine Zeitungsanzeige als Visualisierung der entstehenden Automobilmarke. Deutlich dominiert schon der Name *Horch.*

Finanzielle Schwierigkeiten veranlassten ihn später[2], nach Reichenbach im Vogtland umzusiedeln. Dort nannte sich die Firma seit dem 3. März 1902 *A. Horch & Cie Motor- und Motorwagenbau.* 1904 zog sie nach Zwickau um und wurde in eine Aktiengesellschaft umgewandelt. Die Fahrzeuge der *August Horch & Cie. Motorwagenwerke AG* trugen teilweise ab 1905 den Schreibschriftzug *Horch* auf dem Kühler. Vergleiche mit der Unterschrift des Firmengründers zeigen, dass der Schriftzug von August Horchs Signum abgeleitet und ästhetisch leicht verfeinert wurde.[3] Von diesen Schriftzügen auf dem Kühler hat es bis 1914 verschiedene Varianten gegeben[4], die teilweise auch parallel verwendet worden sind.[5]

Die Schriftzüge waren in dieser Zeit durchaus üblich; auch andere Produzenten nutzten diese Variante der Warenkennzeichnung. Zeitgenössische Beispiele sind die Mercedes-Wagen von *Daimler* und Fahrzeuge von *Benz.* Auf *Ford* wurde bereits verwiesen. Hintergrund für die Verwendung der einem Signum adäquaten Zeichen ist die große Bedeutung der Grafologie um 1900.

So sah das Horch-Typenschild 1911 aus (rechte Seite).

Einige Fahrzeuge haben das Signum aber wohl nie besessen. Eine Fotografie mit drei Horch Wagen von 1905 zeigt die Fahrzeuge ohne

A. Horch & Cie
Motorwagen-Werke A.G
Zwickau i/S.
Wagen No 1728
Motor No 1676
Betriebsstoff: Benzin
Steuer HP
an der Bremse HP 24
Gewicht des Untergestelles Kg. 750
completten Wagens Kg.
Besitzer
Wohnort

Die Hutmuttern, mit denen die Achsenden verschlossen wurden, trugen auch am LKW den Herstellernamen in exakter Bezeichnung (1916) (oben).

Am frühesten ist bisher die quer-ovale Horch-Plakette am Herkomer-Wagen von 1906 nachweisbar (unten).

erkennbare Kühlerplaketten, dafür aber mit dem Schriftzug Horch in Antiquaschrift auf die Kühlerwaben aufgemalt.[6] Auf jeden Fall trugen Horch-Wagen schon seit 1905 auf den Hutmuttern der Achsenden die Firmenbezeichnung.

Eine der frühen durch Original-Fotografie nachweisbaren Plaketten am Kühler eines Horch Wagens hat sich an einem Horch 11/22 PS Typ Z von 1908 befunden. Die von dem Hallenser Karosseriebauer Alfred Kathe für die Prinz-Heinrich-Fahrt geschaffene Karosserie hatte eine viereckige Plakette auf dem Kühler.[7] Alfred Kathe, ein wichtiger Aktionär bei Horch und gleichzeitig mit August Horch auch persönlich befreundet, lieferte in den ersten Jahren sämtliche Karosserien für Horch.[8] In dieser damals üblichen Aufteilung von Chassis- und Aufbauherstellung ist die Ursache für das relativ späte Anbringen von Horch-Zeichen an der Karosserie zu suchen.[9] Sowohl der Motor als auch die Radnaben waren aber bereits ab etwa 1905 gekennzeichnet. Die Anbringung der Warenzeichen auf der rotierenden Radnabe hatte schon in der Frühzeit den Kreis als dominierendes Element in die Gestaltung von Warenzeichen eingebracht.

In der Werbung wurde vor 1908/1909 ein quer-ovales Zeichen mit dem unterstrichenen Schriftzug Horch genutzt.[10] Nach Differenzen mit den Geldgebern entließen jene August Horch am 16. Juni 1909 aus dem Unternehmen. Er bemühte sich sofort um eine Neugründung unter seinem Namen. Erst zu diesem Zeitpunkt wurde ihm bewusst, wie wichtig der patentrechtliche Schutz des Markennamens Horch war. Relativ schnell, schon am 5. Juli 1909 ließen die von ihm soeben verlassenen *Horchwerke AG* den Namen *Marke Horch* (121888) schützen, gleichzeitig auch die Begriffe *Horchwagen* (121889), *Originalhorchwagenfabrik* (121890), *Originalhorchwagen* (121891) und *Horchwerke* (121893). Am Folgetag registrierte das Reichspatentamt die Anmeldung der Begriffe *A. Horch u. Cie., Motorwagenwerke Aktiengesellschaft* (121893), *Horchmobil* (121894), *Horchautomobil* (121895), *Horchauto* (121896), *Horchmotor* (121897), *Horch* (121898), *A. Horch u. Cie* (121899), *Horch u. Cie* (121900) sowie *A. Horch* (121901); am 8. Juli 1909 folgte noch *Autohorch* (121887). Die Eintragung dieser Begriffe erfolgte am 24. September 1909. Damit hatte man eine Vielzahl von denkbaren Varianten geschützt.

Als am 16. Juli 1909 eine August Horch GmbH eingetragen werden sollte, hatten die Herren der Aktiengesellschaft im Rechtsstreit die besseren Karten, die sie im Übrigen weiter vervollständigten. Bis 1912 meldete man 16 weitere Marken an, darunter *Originalhorch*, Kunst-

Der Horch 10/35 PS trug 1923 zu beiden Seiten des Spitzkühlers dieses Emblem.

wörter wie *Horchol, Horchas* u. ä. und Werbesprüche wie *Horch Aujust! Das ist ein Auto!*

Die frühesten Horch Markenzeichen, die an der Kühlerfront angebracht waren, lassen sich aus der Zeit nachweisen, als Horch das Unternehmen als Aktiengesellschaft in Zwickau etabliert hatte. Die ovale Marke ist schmucklos und zeigt den grafisch nicht besonders hervorgehobenen Namen. Mehr hielt man offenbar vom aus Messing gesägten großen Schriftzug vor dem Kühler. Nach der Trennung Horchs von seinem Unternehmen – also etwa um 1910 – trugen Horch Wagen dann auch ein aufwändiger gestaltetes – emailliertes – querovales Emblem. Es zeigte den Namen in weißer Schrift auf schwarzem

1 Sämtliche Firmenbezeichnungen der unter den Namen *Audi, Auto Union, DKW, Horch, NSU, Wanderer* bekannten Unternehmen sind im Folgenden – sofern nicht anders vermerkt – nach der *Regelung der Schreibweisen bei Texten und Veröffentlichungen zu Themenbereichen der Audi Geschichte,* Arbeitspapier der Audi Tradition (Ingolstadt 2001), angegeben.

2 Vgl. hierzu *Pönisch, Jürgen: August Horch. Pionier der Kraftfahrt,* S. 43 ff.

3 Als Vergleich diente die Unterschrift August Horchs auf seiner Bewerbung am Technikum Mittweida von 1888. Vgl. dazu die Exponate im Automobilmuseum August Horch, Zwickau.

4 Vgl. *Kirchberg, Horch. Prestige und Perfektion,* S. 196.

5 Hinweis von Herrn Pönisch, Automobilmuseum August Horch, Zwickau.

6 Fotografie Horch 18/22 PS von 1905 (Blumenkorso Dresden), Archiv AUDI AG.

7 Fotografie Horch 11/22 PS Typ Z von 1908, Archiv AUDI AG.

8 Vgl. *Pönisch, 100 Jahre Horch-Automobile,* S. 9.

9 Fast alle Automobilhersteller ließen in der Frühzeit für ihre Fahrzeuge die Aufbauten von Karosseriefirmen liefern. Die Vermutung liegt nahe, dass allein schon aus diesem Grund die Anbringung eines eigenen Warenzeichens an der Karosserie unterblieb. Zeitgenössische Fachbücher wie *Heller, Motorwagen* (1912) verstehen unter dem Fahrzeug nur die technischen Komponenten des Fahrwerks. Aufbauten werden dort nicht behandelt.

10 Siehe *Prospekt Fa. A. Horch & Cie*; Original im Verkehrsmuseum Dresden, H 10/8.

Die ovale Horch-Plakette mit Schwan und Stadtwappen am 8/24 PS-Horch (1911) (oben).

Mehrfach modifiziert, aber über viele Jahre hinweg üblich war der aus Messingblech gesägte Namenszug bei Horch-Wagen. Der Schriftzug reichte quer über die gesamte Kühlerfront (unten).

Horch-Wagen mit auf dem Kühler gemalter Markenbezeichnung beim Dresdener Blumenkorso 1905. Im mittleren Wagen sitzt August Horch am Lenkrad (oben).

Horch-Radmutter am 12/28 PS-Wagen (1911) (unten).

Grund in der Mitte, darüber einen – aus dem Stadtwappen entlehnten – Schwan und darunter das komplette Zwickauer Wappen. Es ist nicht überliefert, ob das Unternehmen eine Genehmigung zur Verwendung des Wappens von der Stadt eingeholt hat. Grafisch merkwürdig erscheint das Zeichen, weil es die klassische Antiqua-Schrift mit Jugendstil-Elementen verbindet. Die Farbigkeit Grün-Weiß-Schwarz ist schwierig nachvollziehbar. Problematisch ist auch das Stadtwappen, das nicht in den Zwickauer Stadtfarben ausgeführt ist und zudem mit der Kombination Weiß und Gold in einer heraldisch nicht üblichen Farbkombination gewählt wurde. Das obere Oval ragt auf den Fotografien außerdem deutlich in die Schriftlinie hinein. Das Originalzeichen ist wohl auch parallel zu anderen Zeichen verwendet worden. Angemeldet und geschützt wurde es hingegen nie.

Die Modelle von 1914 mit Spitzkühler zeigten rechts und links im oberen Kühlerbereich den Schreibschriftzug Horch.[12] Ein ähnlicher Schriftzug wurde auch auf den Radnaben verwendet; dort allerdings in die runde Fläche gepresst. Bis mindestens 1923 wurden diese Plaketten genutzt[13], allerdings wohl stets nur an Spitzkühlern.

Die Plakatgestaltung oblag im und nach dem Ersten Weltkrieg dem Gestalter Adolf Behrmann.[14] Auf seinen Plakaten ist immer wieder ein weiteres ovales Zeichen zu sehen, das sehr schlicht in einem dunklen Grün gehalten ist und in einer serifenlosen Antiqua den Schriftzug Horch zeigt. Ein Original existiert im Automobilmuseum August Horch in Zwickau. Es wurde vermutlich von 1914 bis 1920 verwendet.[15]

Bereits vor dem Ersten Weltkrieg ebbte die Auseinandersetzung um den Begriff Horch offensichtlich ab. August Horch hatte zu dieser Zeit bereits den Namen *Audi* für sein neues Unternehmen fest etablieren und durch zahlreiche Wettbewerbserfolge auch international bekannt machen können. Die am 11. Februar 1914 angemeldete Wortmarke *Horch Pony* (198129) weist auf das Projekt eines kleinen Wagens hin; nach der Anfertigung eines Prototyps ließ man das Projekt und später auch den Namen wieder fallen. Die Wichtigkeit der skandinavischen Märkte für das Unternehmen kann man an den am 31. Juli 1915 eingereichten Namen *Svenska Horch* (207098) und den am 23. September 1915 angemeldeten Namen *Norsk Horch* (209776) und *Dansk Horch* (209778) erkennen.

Anfang der 20er-Jahre benutzte das seit 1918 *Horchwerke AG* genannte Unternehmen an seinen Fahrzeugen weiterhin die Zeichen aus der Vorkriegszeit. Nach der Flut von Wortzeichen sind dann zwischen 1921 und 1923 drei grafische gestaltete Warenzeichen angemeldet worden. Diese Bildmarken zeigen jeweils die Majuskel H, in deren Mittelstrich das Wort Horch – ebenfalls in Majuskeln – geschrieben steht. Allerdings steht das H zur Schrift in keinem günstigen Verhältnis. Die drei Varianten – einmal mit einer vorgesetzten Autoabbildung, dann in einem massiven Kreis und zuletzt ohne Zufügung – sind grafisch nicht überzeugend. Das ist sicher der Grund, warum diese Zeichen nie an den Fahrzeugen verwendet wurden.

Erkennbar ist aber schon die Idee, den Anfangsbuchstaben des Unternehmens als prägnantes Warenzeichen zu gestalten.

11 Vgl. u.a. *Pönisch, 100 Jahre Horch-Automobile,* Abb. S. 43.

12 Vgl. *Kirchberg, Horch – Prestige und Perfektion,* Abb. S. 37.

13 *Das Rad der Zeit,* Abb. S. 51.

14 Adolf Behrmann, deutscher Designer und Maler, war seit 1916 für Horch und Audi in der Gestaltung von Werbeanzeigen tätig. Behrmann war Mitglied im Deutschen Werkbund. Seit 1926 Lehrtätigkeit in Rumänien. Design-Tätigkeiten in den 20er-Jahren u.a. für Porzellanfabrik Fraureuth, WMF, Sächs. Metallwarenfabrik August Wellner (Bestecke). Die Arbeiten Behrmanns zeichnen sich durch sachliche dekorative Formen aus.

15 Datierung aus dem Automobilmuseum August Horch in Zwickau übernommen.

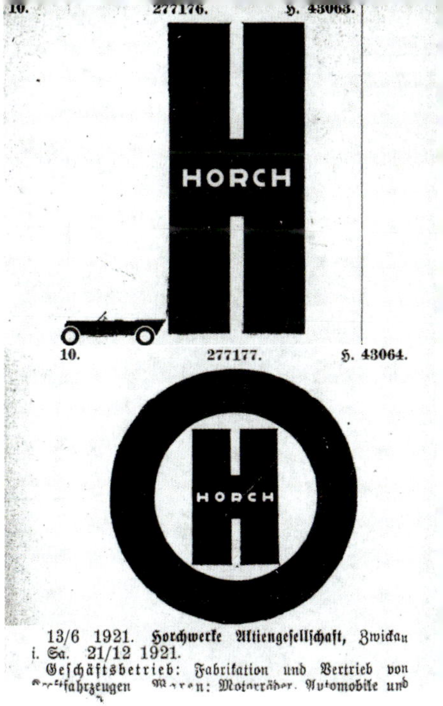

Warenzeichenanmeldungen der Horchwerke AG 1922. Verwendet wurden sie nie (oben).

Die Radkappe, die am Radstern fünffach angeschraubt war, trug beim 10/35 PS-Horch 1923 den Schriftzug der Herstellerfirma (Mitte).

Das Horch-Signet im Oval ist bei Lkw dieser Marke schon vor 1914 nachweisbar (unten).

Die Herrschaftssymbolik von Horch

Die »Geburtsanzeige« für das H mit der Krone, das seit 1924 alle Horch-Wagen zierte.

Die *Horchwerke AG* waren Anfang der 20er-Jahre auf der Suche nach einem neuen einprägsamen Markenzeichen. Das in der Folge entstandene bekrönte H ist am 4. Juni 1924 angemeldet und unter der Nummer 323895 geschützt worden.

Das Zeichen besteht aus einem plastisch hervortretenden und mit gebrochenen Kanten versehenen serifenlosen Buchstaben »H«, über dem eine stilisierte Krone gestaltet ist. Diese wird gebildet aus drei leicht nach oben gewölbten Horizontalbalken, auf denen der Wölbung angepasst die Buchstaben des Wortes *Horch* stehen. Dabei sind das erste und das letzte *H* sowie das in der Mitte stehende *R* als Majuskeln, die Buchstaben *o* und *c* hingegen als Minuskeln ausgebildet. Damit ergeben sich Zacken aus Buchstaben.

Bei der Krone als Herrschaftssymbol kann der Bogen ebenfalls bis zu den ägyptischen Pharaonen gespannt werden, stets war sie Ausdruck weltlicher wie auch religiöser Macht. Die Krone symbolisierte bei Horch den Anspruch auf ein adäquates Marktsegment ebenso wie das selbstbestimmte technische Niveau in der Technik des Automobilbaus: unübertroffen weit oben. Als Gestalter des bekrönten H wird Professor Ernst Böhm angesehen. Der 1890 geborene Böhm († 1963) war bis 1937 an der Berliner Akademie beschäftigt und unterrichtete nach 1945 an der Hochschule der Künste und leitete sie später sogar.[1]

Zu finden ist dieses Zeichen nicht nur am Kühler, sondern auch auf den Radkappen und auf den Pedalen. Die Farbigkeit des Zeichens ist ungeklärt. Es kann in den ersten Jahren nicht verchromt gewesen sein, weil die Verchromung erst Ende der 20er-Jahre üblich wurde. Es mag vernickelt gewesen sein, vielleicht war es auch einfach poliert (Messingguss) oder mit einem anderen Edelmetall beschichtet.

Ab 1927 verwendete Horch zusätzlich einen geflügelten Pfeil als Skulptur auf dem Kühlerverschluss. Die grafisch nicht sehr sorgfältig ausgeführte Zeichnung in der Warenzeichenanmeldung vom

1. Februar 1927 (370986) lässt den Schluss zu, dass die Anmeldung unter gewissem Zeitdruck stand. Mit der Kombination aus Flügel und Pfeil setzte man gleich zwei Zeichen für die Geschwindigkeit ein und kombinierte sie. Gleichzeitig mit dem Warenzeichen wurde auch der Begriff *Flügelpfeil* (378566) angemeldet. Von der Kühlerfigur existierten zwei verschiedene Ausführungen. 1927 wurde zunächst eine der Anmeldung entsprechende Figur auf rundem Kühlerverschluss gebaut, verwendet mit steil, nahezu senkrecht emporstrebender Bogensehne. Damit ist erstmalig werksseitig der ab Mai 1927 gefertigte Typ 304 ausgestattet worden. In der Folgezeit wurde die Figur leicht variiert. Die Flügel fußten nicht mehr rechtwinklig auf dem Verschluss, sondern wurden mit einem gegen die Fahrtrichtung orientierten Halbkreisbogen nach oben geführt. Dieser dynamischer wirkende Flügelpfeil wurde auf achteckigen Kühlerverschlüssen verbaut.[2] Damit sind ab Mai 1928 alle Horchwagen bestückt worden.

Die kantig und aggressiv wirkenden Flügelpfeile wurden bis 1929 verwendet und dann – offenbar aus ästhetischen Gründen und wegen des Verletzungsrisikos – durch eine geflügelte Weltkugel ersetzt.

Als maßgeblicher Gestalter bei Horch gilt Professor Oskar Hermann Werner Hadank (1884 – 1965).[3] Er war von Haus aus Heraldiker und wurde 1919 Gründungsmitglied des *Bundes der Deutschen Gebrauchsgrafiker;* Hadank gestaltete u.a. Zigarettenverpackungen des Herstellers *Haus Neuerburg*, diverse Spirituosen-Etiketten und 1936 das *Pelikan*-Signet.[4] Wie vorher Professor Böhm wurde O.H.W. Hadank ab 1928 engagiert, um die Formgestaltung der Fahrzeuge auf eine moderne Linie zu bringen.[5]

Die mit Einsatz des Horch-Typs 375 verwendete geflügelte Weltkugel wird Professor Böhm zugeschrieben.[6] Es existieren zwei Varianten, die auch gleichzeitig angemeldet wurden. Deutlich sichtbar ist in der Anmeldung die saubere grafische Arbeit.

Die erste Variante steht – wie der zweite Flügelpfeil – auf einem oktogonalen Kühlerverschluss und zeichnet sich durch steiler aufstehende Flügel aus (404613). Die zweite Kühlerfigur besteht aus der Weltkugel mit relativ flach aufgesetzten Flügeln (404611). Die Kugel ist auf einem runden Kühlerverschluss befestigt. Eine zeitlich versetzte Benutzung ist möglich, formalästhetische Aspekte sprechen für das flache, dynamischere Zeichen auf dem runden Kühlerverschluss als letztbenutztes Zeichen.

Vor 1927 hatte das Werk serienmäßig keine Kühlerfiguren verwendet. Vielleicht hat man sich durch die seit 1923 bei Audi übliche Kühler-

1/2 1927. Horchwerke Aktiengesellschaft, Berlin.
25/6 1927.
Geschäftsbetrieb: Fabrikation und Vertrieb von [illegible]hrzeugen [illegible] Art [illegible] und Zubehör.

Der Horch-Pfeil als Kühlerfigur in der Warenzeichenanmeldung 1927 (oben).

Zum ersten Mal wurde der Pfeil mit gebogener Sehne auf der Kühlerverschraubung beim Horch 8 Typ 305 und 306 verwendet (Mai 1928) (unten).

Die 8 im Kreis vor dem Kühler versinnbildlichte auch bei Horch das exklusive Triebwerk eines Reihen-Achtzylindermotors (oben).

Der Argus-Pfeil als Markenzeichen der Berliner Flugzeugmotorenbauer war ebenfalls eine Schöpfung von O. H. W. Hadank (unten).

figur zur Schaffung einer eigenen genötigt gesehen. Auffällig ist hier natürlich die Analogie in der Verwendung der Weltkugel. Die Flügel als Symbol von Geschwindigkeit könnten vielleicht unter Bezug auf die Kühlerfigur des Rolls-Royce entstanden sein. Immerhin strebte Horch mit den 8-Zylinder-Wagen in Deutschland einen vergleichbaren Ruf wie die britische Firma an. Um diesen hervorragenden Ruf des Horch 8 noch besonders hervorzuheben, ist – beginnend beim Typ 375 – zwischen beiden Scheinwerfern, gehalten von einer verchromten Stange, in der Mitte eine im Kreis umschlossene »8« gezeigt worden. Dies wurde bei den Horchmodellen bis 1932 beibehalten. Der Flügel trat in Deutschland nach dem Ersten Weltkrieg sehr häufig als Gestaltungselement bei Markenzeichen von Automobilen auf. Das kann auch eine Fernwirkung des *Vertrags von Versailles* gewesen sein, durch den Deutschland der Bau von Flugzeugen untersagt worden war. Damit wurde erhebliches ingenieurtechnisches Potenzial aus der Flugzeug- in die Automobilindustrie transferiert.[7] Das Geschick der Horchwerke selbst bietet dafür einen eindrucksvollen Nachweis: Seit 1920 waren sie durch die Person ihres Hauptaktionärs Moritz Straus mit den Argus-Werken in Berlin verbunden, deren Flugmotoren früher – und dann auch später – einen hervorragenden Ruf besaßen. Straus nutzte vor allem für die Motorenentwicklung für Horch sein Reinickendorfer Konstruktionspotenzial.[8] Damit ergaben sich vielfältige Impulse, die sich auch auf die Zeichengestaltung auswirkten. Die geflügelte Welt-

kugel und das bekrönte H sind mit der Gründung der *Auto Union AG* in diese übernommen worden und wurden dort – von der Ausnahme des Horch 930 S abgesehen – nie verändert.

Allerdings sollte nicht übersehen werden, dass Kühlerfiguren im Zubehörhandel käuflich erwerbbar waren. So darf man sich nicht wundern, wenn schon damals Autos mit Symbolen geschmückt worden sind, die ihnen serienmäßig nie zugedacht worden waren. Besonders gilt dies beispielsweise für die 12 Zyl. Horch (Typ 600 und 670), die ab Werk ohne Kühlerfigur ausgeliefert worden sind, weil der Vertrag mit dem Gestalter Böhm nur für den Horch 8 galt. Aber jeder Besitzer eines solch edlen Wagens konnte im nächsten Autohaus die geflügelte Weltkugel erstehen und damit sein Auto komplettieren.

9/4 1929. **Horchwerke Aktiengesellschaft,** Berlin NW 7, Mittelstr. 15. 22/6 1929.
Geschäftsbetrieb: Fabrikation und Vertrieb von Fahrzeugen aller Art nebst Bestandteilen und Zubehör. Waren: [illegible]

Außer den äußerlich erkennbaren Warenzeichen trugen Horch-Wagen auch am Ventildeckel als Kennzeichen ihrer »inneren Werte« den Horch-Schriftzug (oben).

Die geflügelte Weltkugel als künftige Kühlerfigur der Horch-Wagen fand sich erstmals am Horch 375 im Jahre 1929. Die Flügel waren hier steiler aufgestellt als bei der späteren Ausführung (unten).

1 Vgl. *Kieselbach, Technik der Eleganz,* S. 97.

2 Diese Aussage basiert auf einer Analyse zeitgenössischer Fotografien im Archiv der AUDI AG. Dort existieren auch zwei vermutlich zeitgenössische Sachfotografien mit den beiden Varianten des Flügelpfeils.

3 Vgl. *Kieselbach, Technik der Eleganz,* S. 97.

4 Vgl. *Friedl/Ott/Stein, Typography. when who how,* S. 268 f.

5 Vgl. *Pönisch, 100 Jahre Horch-Automobile,* S. 102.

6 Vgl. *Kieselbach, Technik der Eleganz,* S. 97.

7 Bekanntestes Beispiel hierfür ist BMW; ein rotierender Propeller bildet bis heute das Markenzeichen an Automobilen und Motorrädern. Andere Beispiele aus der Flugzeugbranche sind außer Argus auch Rumpler.

8 Vgl. ausführlich dazu *Kirchberg, Horch – Prestige und Perfektion,* S. 55.

6. Die Marke Audi

Der Ursprung der Marke

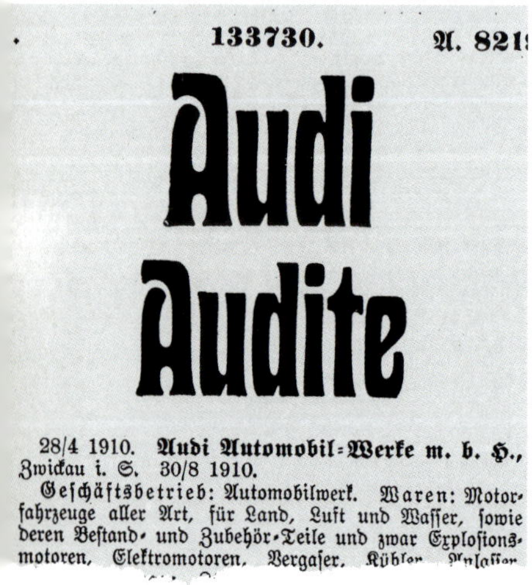

133730. A. 821

Audi

Audite

28/4 1910. **Audi Automobil-Werke m. b. H.,** Zwickau i. S. 30/8 1910.

Geschäftsbetrieb: Automobilwerk. Waren: Motorfahrzeuge aller Art, für Land, Luft und Wasser, sowie deren Bestand- und Zubehör-Teile und zwar Explosionsmotoren, Elektromotoren, Vergaser, Kühler, ...

Das Audi Typenschild um 1914 (oben).

Audi und Audite als Schutzeintragungen für den neuen Automobilbauer in Zwickau 1910 (unten).

Nachdem August Horch aus dem Unternehmen Horch ausgeschieden war, bemühte er sich zunächst um eine Neugründung unter seinem Familiennamen: Die Firma *August Horch Automobilwerke GmbH* wurde am 16. Juli 1909 in das Handelsregister eingetragen. Die *A. Horch & Cie. Motorwagenwerke AG* klagte daraufhin wegen Verletzung ihrer Namensrechte. Durch das Reichsgericht Leipzig wurde August Horch die Verwendung des Namens schließlich untersagt.[1] *August Horch* ließ deshalb am 25. April 1910 die Firma als *Audi Automobilwerke GmbH* eintragen. Um aber keine Missverständnisse entstehen zu lassen, ließ Horch bei nahezu allen Werbegrafiken ab dem Herbst 1910 neben den neuen Unternehmensnamen schreiben: *Leiter: Direktor August Horch.*[2]

Die Entstehungsgeschichte des Namens schrieb August Horch in seinen Lebenserinnerungen selbst nieder:

Wir durften den Namen August Horch nicht mehr führen, obwohl es mein eigener Name war. Wir beriefen sofort eine Sitzung ein, die in der Wohnung von Franz Fikentscher stattfand, und brüteten lange über einen anderen Namen. Uns war klar, dass diese Sitzung niemand verlassen durfte, bevor unser Werk keinen Namen hatte. Was da alles an möglichen und unmöglichen Bezeichnungen auftauchte, lässt sich nicht beschreiben.

In einer Zimmerecke saß bescheiden ein Sohn von Franz und büffelte an seinen Schulaufgaben, das heißt, er tat so, in Wirklichkeit hörte er mit der gesammelten Inbrunst eines jungen Herzens dieser hochinteressanten und hitzigen Unterhaltung zu. Wahrscheinlich hatte er schon seit einiger Zeit etwas auf dem Herzen, schluckte es aber immer wieder hinunter... Aber plötzlich brach der zurückgehaltene Vulkan aus ihm heraus und er schrie begeistert herüber: »Vater – audiatur et altera pars! Man höre aber auch die andere Seite ... wäre es nicht richtig, anstatt HORCH AUDI zu sagen?« Es war heraus, und wir saßen schlankweg begeistert da.[3]

Das Plakat von Ludwig Hohlwein (1874 – 1949), mit dem die Identität von Horch und Audi zuerst verdeutlicht worden ist.

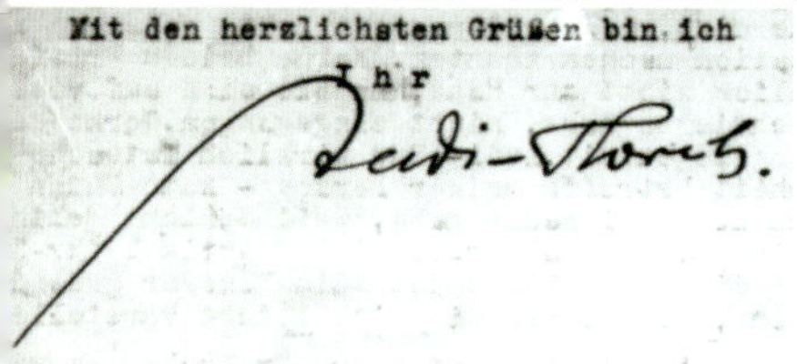

Die Audi Kühlerplakette in lateinischer Schrift mit klein geschriebenem Anfangsbuchstaben am Audi Typ E 22/55 PS (1913) (oben).

Mit dieser Unterschrift zeichnete August Horch viele seiner privaten Briefe bis zu seinem Tod (Mitte).

Das Audi Oval 1920 (unten).

Mit dem Namen *Audi* gelang ein phonetischer Glücksfall. Die Reihenfolge Diphthong (au), Verschlusslaut (d) und Vokal (i) ist identisch mit der Lautartfolge des Wortes Auto.

Der Begriff *Audi* wurde aber nicht sofort nach der Firmenumbenennung, sondern erst am 25. April 1910 angemeldet. Am Folgetag wurde auch die Firmenbezeichnung *Audi Automobilwerke m. b. H.* und der Begriff *Audite* geschützt. Letzteres ist der Imperativ Pluralis des lateinischen Verbs *audire* – also *horcht!*

Beachtenswert ist in der Anmeldung hier die an den Jugendstil angelehnte Gestaltung des Anfangsbuchstabens. Die Typografie ist gewiss nicht zufällig gewählt, denn die Horchwerke hatten eben diese Schriftart genutzt, als sie den Namen von Horch in allen möglichen Variationen für sich schützen ließen.

Der bedeutende Münchener Künstler Ludwig Hohlwein (1874 – 1949) gestaltete in dieser Anfangszeit ein Plakat mit der Visualisierung der Übersetzung von Horch zu Audi. Es zeigt einen Audi Wagen in Frontalansicht mit einem daneben stehenden Chauffeur, der sinnbildlich die Hand horchend an sein Ohr hält. Einige Jahre später war der gleiche Künstler auch für die Wanderer Werke in Chemnitz tätig.

Die Latinisierung des Namens scheint in der deutschen Automobilindustrie singulär zu sein, die Verwendung lateinischer Namen ist hingegen öfter anzutreffen. Als die *Fahrzeugfabrik Eisenach AG* 1904 einen passenden Markennamen für die Fahrzeuge suchte, griffen die Unternehmensführer das Schlusswort eines Redners in einer Besprechung auf: *Dixi*, auf Deutsch: *Ich habe gesprochen.* Als der Dux-Konstrukteur Gustav Schürmann 1908 zu den *Polyphon-Werken* Leipzig-Wahren ging, wurden seine Konstruktionen sicherlich nicht ganz zufällig unter dem Namen *Dux (Führer)* vermarktet.[4]

August Horch hat seine ganz persönlichen Beziehungen zum Namen Audi nie verschwiegen. So unterschrieb er Briefe bis zu seinem Lebensende gern mit einem »Audi Horch«.[5]

Um 1912 tauchte sowohl in der Werbung als auch an den Fahrzeugen ein quer-ovales Zeichen mit dem Schriftzug Audi auf. An dem Schriftzug in Schreibschrift fällt das klein geschriebene »a« auf, möglicherweise eine Reminiszenz an die lateinische Sprache. Signifikant ist der Drang nach Harmonisierung der einzelnen Linien und Rundungen. Die heute an historischen Fahrzeugen zu findenden ovalen Plaketten mit dieser Schrift als Prägeschrift sind in der monochromen Ausführung Nachfertigungen. Die Originale besaßen zweifarbige Plaketten.[6] Da die Werbung in den ersten Jahren in den Händen der Zwickauer

Druckerei *P. M. Goering* lag[7], ist zu vermuten, dass Impulse zur Gestaltung des Markenzeichens vorrangig von den dortigen Grafikern gekommen sein dürften.

Am 6. Dezember 1919 ließ das seit 1915 als *Audiwerke Aktiengesellschaft Zwickau* firmierende Unternehmen den heute noch verwendeten Audi Schriftzug schützen. Der Schriftzug war von Lucian Bernhard (1883 – 1972) geschaffen worden.[8] Der 1883 geborene Künstler war als autodidaktischer Plakatgestalter bekannt und hieß mit bürgerlichem Namen Emil Kahn. Von 1907 bis 1917 war Bernhard Mitglied des *Deutschen Werkbundes*. Ab 1920 lehrte er als Professor für Reklamekunst an der Kunstakademie Berlin. Bernhard ist der Schöpfer verschiedener Schriftentwürfe wie *Bernhard Antiqua* (1911), *Bernhard Fraktur* (1912–22), *Bernhard Schönschrift* (1924–28), *Bernhard Fashion* (1929), *Bernhard Gothic* (1929–31), *Lucian* (1932) und anderen.[9] Auffällig ist die enorme Bandbreite seiner Entwürfe. Im Jahre 1914 verwendete er beispielsweise bei Plakaten einerseits Fraktur und Antiqua gemischt, andererseits schuf er auch eine klare fette Grotesk wie beispielsweise den *Bosch*-Schriftzug, der ebenfalls als Warenzeichen angemeldet wurde.

In der Werbung wurde das mit der Bernhardschen Schrift gebildete Audi Zeichen wohl schon ab Anfang 1920 eingesetzt.[10]

Typografisch ist das Zeichen schon der Neuen Sachlichkeit zuzuordnen – jener Stilrichtung der Kunst, die dem Formenüberschwang des Jugendstils eine klare, auf wenige geometrische Grundformen beschränkte Formensprache entgegensetzte.[11] Außer der Geraden, dem Kreis und dem Halbkreis werden keine weiteren Elemente bei dieser Schrift verwendet. Ein typografisches Problem bringt das Zeichen dennoch mit sich. Von der Schrift wurden durch Lucian Bernhard vermutlich nur die vier verwendeten Buchstaben entwickelt. Die restlichen und die Zahlen dieser Schriftart sind entweder nie entwickelt worden oder verschollen.

1 Vgl. *Pönisch, 100 Jahre Horch-Automobile,* S. 40.

2 Die erste derartige Werbung ist vermutlich die in der *Zeitschrift des Mitteleuropäischen Motorwagen-Vereins,* Heft 11 (1910), S. III.

3 *August Horch, Ich baute Autos.* Berlin 1937, S. 187.

4 Kirchberg, Peter: *Vergessenes und Unvergessenes – zwei historische Porträts: Wilhelm Maybach und Gustav Schürmann. In: Motor-Jahr. Eine internationale Revue.* Berlin 1982, S. 119 ff.

5 Vgl. *Brief August Horchs an den Vorstand der Auto-Union A.G.* vom 15. März 1935, Original im Automobilmuseum August Horch Zwickau.

6 Diese Aussage stützt sich auf verschiedene zeitgenössische Fotografien.

7 Die qualitativ bemerkenswert hochwertigen Audi Prospekte von 1911–1915 wurden von dieser Druckerei gefertigt.

8 Vgl. *Das Plakat. Februar 1921, S. 99.*

9 Vgl. *Friedl/Ott/Stein, Typografy. when who how,* S.124 f.

10 Vgl. *Verkaufsprospekt Audiwerke Aktiengesellschaft.* Archiv VMD, A13/3.

11 In diesem Zusammenhang sei hier angeführt die seinerzeit sehr beachtete Veröffentlichung des Wiener Architekten Adolf Loos: *Ornament und Verbrechen.* Wien 1908. Loos forderte den Verzicht auf jegliche Ornamente und die Einführung von ästhetischen Formen in der Kunst auf der Basis weniger, aber genau austarierter geometrischer Grundformen.

Der Superlativ von Audi

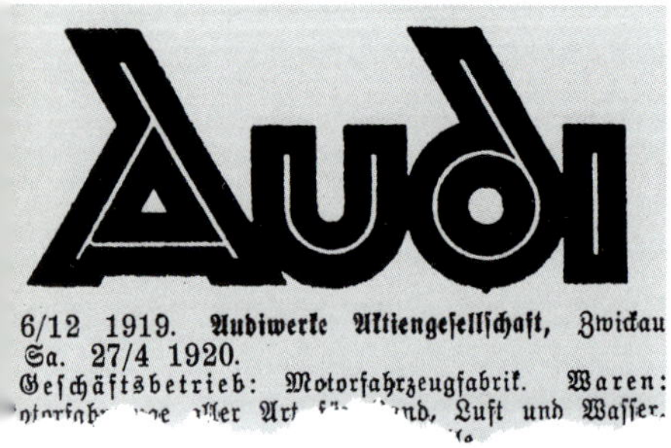
Audi

6/12 1919. Audiwerke Aktiengesellschaft, Zwickau Sa. 27/4 1920.
Geschäftsbetrieb: Motorfahrzeugfabrik. Waren: ...otorfahr... ...ller Art f... ...nd, Luft und Wasser.

Die Schutzeintragung des Audi Signets in der Bernhard-Schrift 1919/20 (oben).

Die Audi 1 über dem Oval als Kombination von Kühlerfigur und Markenzeichen wurde seit 1923 auch an Auslaufmodellen gebraucht, hier am Typ G (unten).

Ab 1923 wurde bei Audi ein neues Zeichen genutzt. Auf einer stilisierten Weltkugel steht eine arabische Eins. Sofern als Kühlerfigur benutzt, ist die Ziffer dabei so angeordnet, dass sie von der linken Fahrzeugseite aus gelesen werden kann. Das Zeichen wurde am 5. Juni 1923 in drei verschiedenen Varianten angemeldet. Die Anmeldung mit der Nummer 326149 zeigte die Figur in der am Fahrzeug verwendeten Ausführung und war in der Warengruppe 42 für nahezu alle Waren geschützt. Die beiden anderen Varianten waren nur in der Warengruppe 10 für Fahrzeuge geschützt. Sie unterschieden sich lediglich durch ein angefügtes kleines »a« (306595) bzw. durch einen angefügten sechszackigen (David-)Stern (312265).

August Horch, der zu dieser Zeit noch im Aufsichtsrat der Firma saß, schrieb zu dem neuen Markenzeichen in seinen Lebenserinnerungen:

Ende Mai 1922 wurde von den Audi Werken ein Wettbewerb ausgeschrieben zur Erlangung eines markanten Wahrzeichens für die Audi Wagen. Aus dem Wettbewerb gingen als Sieger hervor die Herren Professor Arno Drescher, Dresden, und Hermann Gilbert, Hauptmann, in Leipzig. Und zwar war der Entwurf, der ja jedem heute bekannt ist, die »1« auf dem Kühler. In diesem Wahrzeichen sollte die hohe Qualität von Audi und ferner der vom Mascotte-Begriff untrennbare Begriff des glücksbringenden Amuletts, in der die Zahlen, und vor allem die Führerin, die »Eins«, eine so große Rolle spielen, festgelegt werden.[1]

Zum Wettbewerb für eine neue Kühlerfigur wurden etwa 150 Entwürfe eingereicht. Sie spiegeln die zeitgenössische Kunst wider. Die Formen sind gegenüber den Figuren des Jugendstils in einer strengeren Geometrie gehalten. Tiere wie die Eule oder die Fledermaus oder mythologische Gestalten wie die Sphinx und das Einhorn sowie menschliche Figuren mit dem Begriff Audi dominierten.[2] Der Dresdner Professor Arno Drescher äußerte sich später zur Entstehung der Idee wie folgt:

Nach dem Ersten Weltkrieg waren viele Offiziere naturgemäß genötigt, einen anderen Beruf zu ergreifen. Da klopfte es eines Tages an mei-

Die Beiträge zum Audi Warenzeichenwettbewerb 1922.

ner Ateliertür und es erschien ein junger, frischer Mann, der sich als »Hauptmann Gilbert« vorstellte... Im damaligen Automobilwesen kannte er sich trefflich aus, und seine Erfahrungen schienen mir der Anlass, mit ihm gemeinsam an einem Wettbewerb für ein Autowahrzeichen teilzunehmen, den 1922 die Firma Audi unter den deutschen Bildhauern veranstaltete. Wir waren formal Außenseiter, trauten uns jedoch die dazugehörige Intelligenz zu. Wir wollten keine Variante von den üblichen Maskottefiguren schaffen, sondern sagten uns, für ein modernes Fahrzeug klarster Konstruktion gehört auch eine in der Struktur homogene Form des Kühlers. Spielend saß ich mit Schere und Papier am Tisch, und da lag unversehens eine Silhouette vor mir, die die Form einer Eins hatte. Die Gedankenkombination war schnell da – eine Eins – die Zahl, mit der alles Wertvolle ausgezeichnet wird – warum nicht? Plastisch lässt sie sich gestalten – könnte eine Eins nicht als Wertsymbol gelten? Ich machte weiter formale Versuche – Gilbert bestätigte meine Gedankenführung und trat mir bei. Ich sah sie schon in Gold vor mir. Ein benachbarter Tischler machte ein Holzmodell nach Angaben – ein Drechsler drehte den halbkugelartigen Sockel. Die Größenverhältnisse probierten wir mit Pappmodellen auf dem Schillerplatz, wo immer einige Taxis standen, aus. Gilberts Anteil bestand in der Zuverlässigkeit seines Gefühls für Höhe und Stärke und praktische Verwendung als Schraubverschluss. Als wir mit den Modellen klar gekommen waren,

Motorraumgestaltung war damals eine ästhetische Aufgabe für den Konstrukteur, die beim Audi M offensichtlich besonders gut gelöst worden ist. Das Audi Oval am Ventildeckel wirkt gewissermaßen als »Gütesiegel«.

brachten wir es zum Vergolder Daubner in der Prager Straße, der es wunderbar in poliertem Gold ausführte, sodass man es für Metall halten konnte. Gegen 150 Einsendungen der Bildhauer aus allen Gauen waren eingegangen, schöne Figuren waren dabei, interessante Einfälle von Köpfen, Frauengestalten, Fantasieformen – doch den Vogel schoss unsere Eins ab, die zweifellos eine technologische Form war, die des Sinnes und auch der Schönheit nicht entbehrte.[3]

Arno Drescher (1882–1971) war Grafik-Designer und Schriftentwerfer. Seit 1920 arbeitete er als Professor an der *Akademie für Graphische Künste* in Dresden und leitete von 1940–45 die *Akademie für Graphische Künste und Buchgewerbe* in Leipzig. In der Entstehungsperiode des Zeichens arbeitete Professor Drescher vorwiegend im didaktischen Bereich, erst später entwickelte er eigene Schriftarten.[4]

In den zeitgenössischen Publikationen ist im Zusammenhang mit der Kühlerfigur der Audiwerke immer wieder der Begriff der Maskotte zu finden. Ein Audi Werbetext aus der Mitte der 20er-Jahre gibt hier Aufschluss:

Was eigentlich eine Mascotte ist, und woher das Wort kommt, darüber gab der feinsinnige Schriftsteller Alexander Moszkowski unter betontem Hinweis auf das damals aktuelle AUDI Preisausschreiben in der Presse eine fesselnde Geschichte des Wortes und seiner eigentlichen Bedeutung. Danach ist »Mascotte« zum »Kennwort geworden für jede belebte und unbelebte Glücksfigur, für alles, was dem bösen Blick sieghaft entgegenwirkt, zum Salomonischen Schlüssel, dessen Zauberkraft den toten Talisman zum Range einer geistigen Persönlichkeit emporhebt«.

Erst das Automobil setzte sich in den Jahren seiner Entwicklung in das Herrschaftsrecht über diese Ideenverbindung zwischen Figur und Talisman. Das Figürliche lag ja insofern nahe, als der Kraftwagen schon im Ruhezustand ausdrücken sollte, dass seine wahre Bestimmung und sein wahres Wesen in der schnellen Raumüberwindung liegt, und diesem Zwecke konnten Symbole der raschen Fortbewegung – z.B. Vögel mit ausgebreiteten Schwingen, beflügelte ideale Menschenkörper, wie sie schon die antike Kunst in den Plastiken des Hermes oder der Iris kannte, und anderer – dienen. Auch die Idee des Talismans liegt dem Automobilisten nahe genug – des Talismans gegen Unglücksfälle und Pannen, der – durch eine Miniatur-Mascotte dargestellt – von zahlreichen Lenkern als Kühlerfigur, Anhänger oder in der Kleidung mitgeführt wird.[5]

Hier finden sich also hinreichend Hinweise zur These, dass die Warenzeichen, und vor allem Kühlerfiguren, die Eigenschaften einer Industrieware symbolisieren müssen und gleichzeitig eine spirituelle Funktion auszufüllen haben.

Audi verwendete die »1« als Kühlerfigur seit 1923 zusätzlich zur bisher üblichen ovalen Plakette. Erster serienmäßig damit ausgestatteter Audi war der Typ M, der im gleichen Jahr vorgestellt worden ist.

Die Verwendung eines Symbols auf einer stilisierten Weltkugel ist seit dem Barock üblich. In der christlichen Ikonographie ist das Kreuz auf der stilisierten Erdkugel weit verbreitet. Die Ziffer Eins auf der Kugel ist insofern ein das Unternehmensziel überzeugend darstellendes Symbol gewesen, das aber auf das Produkt Automobil keinerlei Verweis hatte.

Auf dieselbe Idee kamen natürlich auch noch andere. 1929 merkten die Audiwerke, dass das gleiche Symbol von einer italienischen Margarinefabrik verwendet wurde.[6]

Mit der arabischen Eins spielten die Audiwerke auch in den folgenden Jahren: Am 19. April 1924 meldeten sie die Slogans

Das Audi Emaillezeichen in blau-roter Farbgebung mit der 1 auf der Weltkugel kombiniert. In dieser Form ist das Signet am Audi »Dresden« erstmals verwendet worden, allerdings in anderer Farbgebung.

Der Audi M mit 18/70 PS-Sechszylinder Leichtmetallmotor trug als erste Neuentwicklung 1923 die 1 auf dem Kühler und darunter das traditionelle Audi Oval (oben).

Die Insignien des Superlativs auf engem Raum beieinander: Die 1 auf dem Kühler und die 8 im Kreis davor – das Zwickauer Stadtwappen einmalig als Markenzeichen dazwischen. Alles zusammen fand sich nur am Audi Achtzylinder Typ Zwickau 1930 (Mitte).

Der Audi Sechszylinder Typ Dresden wurde einmalig mit dem Audi Logo in gelb-schwarzer Farbgebung ausgestattet (rechts).

»1 ist sicher« und »1 steht fest« an. Die Bildmarken »1A« und ein »A« im Kreis (!) wurden gleichfalls an diesem Tag eingetragen. Die Notwendigkeit der Anmeldung der »1« in verschiedenen Varianten wird deutlich, wenn man sich Warenzeichenanmeldungen wie die der *Alligator Ventilfabrik* vom 29. Oktober 1923 betrachtet. Derartige Zeichen führten zur Gefahr der Verwässerung eines Warenzeichens.

Sowohl die Slogans als auch die Bildzeichen sind von Audi nie im großen Umfang verwendet worden, wohl aber das ebenfalls am 19. April 1924 angemeldete Bildzeichen mit der stehenden »1« auf einer Halbkugel über einem auf die Spitze gestellten Dreieck mit dem eingefügten Audi Schriftzug. Dieses Bild war in einen dunklen Kreis eingestellt. Zum ersten Mal fand es sich am Audi Typ T »Dresden« als Kühlerplakette. Das war sechs Jahre nach seiner Eintragung in die Warenzeichenrolle, nämlich 1930. Da gehörte Audi schon zwei Jahre zum Rasmussen'schen DKW-Konzern, der zu dieser Zeit einen verstärkten Kleinwagenauftritt samt neuem Markenzeichen vorbereitete, welches ebenfalls mit nach unten zeigendem Dreieck die Wappenform besonders betonte. Der – auch noch durch andere Zusammenhänge zu stützende – Gedanke liegt nahe, dass es sich hier um eine frühere Form von Corporate Design handelt.

Die »1« auf der (Welt)Kugel symbolisierte den im Markenzeichen ausgedrückten Anspruch, eine führende Position in der Automobilwelt anzustreben. Die Herleitung der Signet-Farben ist eindeutig: Das Wappen der Stadt Zwickau trägt die Farben Rot und Blau.

Auch dieses Wappen selbst ist in der Tat einmal als Markenzeichen verwendet worden: Am Audi »Zwickau« war es 1929 als Herstellerzeichen am Kühler befestigt. Der jedoch ein Jahr später nachfolgende Audi »Dresden« trug dann das neue Signet der »1« auf der Weltkugel, ausnahmsweise und einmalig in den Wappenfarben der sächsischen Landeshauptstadt Gelb und Schwarz geführt.

Abgesehen von dieser Ausnahme war das Audi Signet seitdem bis zum Ende der Audi-Front-Fertigung (April 1938) in den blauroten Farbtönen gehalten und prangte oben in der Mitte der verchromten Kühlerumrandung. Der letzte Vorkriegs Audi, der 1939 herausgebrachte Typ 920, zeigte die noch flüssiger gestaltete »1« auf und die Vier Ringe vor dem Kühler als Markenemblem. Das bisherige Audi Zeichen fand sich nur noch auf den Radkappen eingedrückt wieder. Bemerkenswertes Detail: Die Zierkappe des auf dem Heck angebrachten Reserverades zierte ein neues, kombiniertes Zeichen der Vier Ringe unter der »1« auf der Weltkugel. Dies entsprach der Warenzeichenanmeldung für die drei Marken Audi, Horch und DKW, mit der die Auto Union stärker ihren Konzernauftritt akzentuieren wollte – Corporate Idendity sagt man heute dazu.

1 Aus: *August Horch, a.a.O.,* S. 258.

2 Vgl. *Etzold / Rother / Erdmann, Im Zeichen der Vier Ringe 1873 – 1945,* Abb. S. 192. Originalfoto im Archiv AUDI AG

3 Zitiert aus: *Etzold / Rother / Erdmann, Im Zeichen der Vier Ringe 1873 – 1945*, S. 192f.

4 Vgl. *Friedl / Ott / Stein, Typography. when who how,* S. 196.

5 *Werbung Audiwerke A.-G.* Quelle: SächsStAC, Audi, Nr. 41 p. 3. Die Urheberschaft des Textes ist ungesichert. Ein (hier nicht zitierter) Teil des Textes ist nahezu identisch mit einer Passage aus *August Horch, Ich baute Autos.* Daraus kann wohl geschlossen werden, dass diese Werbung August Horch als Textvorlage diente.

6 *Auto, Motor und Sport, Stuttgart 1965, Heft 25,* S. 33

7. Die Marke DKW

Der Ursprung der Marke

Zum ersten Mal wurden die drei Buchstaben DKW als sichtbares Warenzeichen am Fahrradhilfsmotor im Jahre 1922 gebraucht (oben).

Das DKW-Emblem am Reichsfahrtmodell von 1922 (unten).

Die Marke DKW geht auf den 1878 in Dänemark geborenen Jörgen Skafte Rasmussen zurück. Er studierte in Mittweida und Zwickau und arbeitete in der *Rheinischen Maschinenfabrik* Düsseldorf, bevor er Ende 1902 in Chemnitz die *Rasmussen & Ernst GmbH* gründete, die ab 1907 unter dem Zusatz *Maschinen-Fabrik* und *Apparatebau-Anstalt* firmierte. Die Fertigungsstätte in Zschopau nannte sich ab 1913 *Zschopauer Maschinenfabrik J.S. Rasmussen GmbH* und war eine Tochtergesellschaft der Rasmussen & Ernst GmbH. Die Firma fertigte verschiedene Armaturen und ab 1914 Rüstungsgüter. Aufgrund der Benzinknappheit begeisterte sich Rasmussen für einen Dampfkraftwagen des dänischen Ingenieurs Matthiesen, der ab 1916 zwei Prototypen von dampfgetriebenen Personen- und Lastkraftwagen bei ihm in Zschopau baute.[1] Zur Bedeutung des Warennamens DKW äußerte sich der Firmengründer 1934 wie folgt: *Der erste Benzinmotor, den ich konstruierte, war ein kleiner Spielzeugmotor, der so gut ging, dass wir ihn nochmals umkonstruierten, sodass man ihn in jedes gewöhnliche Fahrrad einbauen konnte. Wir nannten ihn »Das kleine Wunder« und behielten damit die Buchstaben DKW. Diese Buchstaben bedeuteten eigentlich Dampfkraftwagen. Den Spielzeugmotor hatten wir schon früher »Des Knaben Wunsch« genannt. Nun hatten wir also das kleine Wunder …*[2] Allerdings gilt als Konstrukteur des kleinen Motors nicht Rasmussen, sondern der Ingenieur Hugo Ruppe. Der Name DKW wurde also nicht als Firmenname, sondern als Markenname der Produkte verwendet und zum ersten Mal am Fahrradhilfsmotor angebracht. Die Anmeldung des Namens DKW beim Deutschen Patentamt erfolgte erst am 22. Dezember 1922. In dieser Zeit war das Unternehmen in *Zschopauer Motorenwerke J.S. Rasmussen OHG* umgewandelt worden. Alleininhaber war Rasmussen.

Das DKW-Wappen am Kühler über den Vier Ringen, beide noch deutlich getrennt voneinander (DKW F5 1936).

DKW-Logo von 1920

Das DKW-Zeichen im Siegerkranz fand sich zum Beispiel auf dem hinteren Kotflügel des Motorrades DKW ZM (oben).

Das älteste DKW-Logo (1920) zeigte den rauchenden Vulkan und versinnbildlichte so die Dampfkraftwagen-Ursprünge der Marke (unten).

Das Zweitakt-Motorrad »Reichsfahrtmodell«, das anfangs ebenfalls das Zeichen mit dem Feuer speienden Vulkan trug, zeigte seit 1922 ein Warenzeichen, das den Hersteller- und den Markennamen miteinander verband. Die Form war etwa einem Poststempel ähnlich. Das Zeichen wurde erhaben in den Tank geprägt. Auf Vereinheitlichung des Markenzeichens hat man zu dieser Zeit keinen sonderlich großen Wert gelegt. Bald zeigte nämlich das Reichsfahrtmodell schon wieder ein anderes Bild: Die Buchstaben DKW werden von zwei Kranzhälften eingeschlossen, die oben und unten miteinander verbunden sind.

Bald ist auch der umgestaltete Siegerkranz wieder von anderen Varianten verdrängt worden.

Die Briefbögen von 1922 zeigen kein einheitliches, sondern eher ein für die Kreativität der Druckereien sprechendes Bild. Neben der Werksansicht mit den in die Wolken geschriebenen Buchstaben DKW tritt auch ein interessantes, noch vor 1920 entstandenes Markenzeichen auf. In einem Kreis ist ein stark stilisierter Feuer speiender Vulkan gezeichnet, im Vordergrund ist ein Band mit den Buchstaben DKW zu sehen. Damit wurde Bezug genommen auf den Dampfwagenursprung der Marke DKW. Als Markenzeichen fand dieses Signet einmalig Verwendung an der Front des DKW-Kleinautos »Der kleine Bergsteiger« (etwa 1919), das aber ein Prototyp blieb und – wie schon erwähnt – anfangs am Reichsfahrtmodell.

Das erste DKW-Warenzeichen wurde am 6. Juni 1922 angemeldet. Die Abbildung zeigt einen stilisierten luftgekühlten Zweitaktmotor, dessen Kurbelwellenraum von einer Globusdarstellung ausgefüllt wird. Die vor allem bei Fahrrädern dieser Zeit übliche Weltdarstellung mittels eines Globus wird von einem Schriftband mit den Buchstaben DKW ergänzt. Im Zylinderkopf ist die Firmenbezeichnung *Zschopauer Motorenwerke J.S. Rasmussen, Zschopau i.S.* eingeschrieben, und unter dem Kurbelwellenraum ist *MADE IN GERMANY* eingegossen. Vom Zeichentypus handelt es sich um eine der Fahrradplaketten, die üblicherweise auf dem Steuerrohr aufgebracht wurden. Der Anmeldung ähnliche, wohl aus Messing geprägte Zeichen zierten auch die Steuerrohre der DKW-Motorräder.

1923 erfolgte die Umwandlung des Unternehmens in eine Aktiengesellschaft, die *Zschopauer Motorenwerke J.S. Rasmussen* AG hieß.

Um den Begriff DKW hat es später Auseinandersetzungen mit den *Deutschen Kabelwerken* Berlin gegeben, die diese Abkürzung ebenfalls für sich verwenden wollten. Vorsichtshalber ließ man in Zschopau am 25. Mai 1927 den Begriff *DGW RASMUSSEN* unter der Nummer 374541

schützen. Die Abkürzung für *Der Große Wagen* bzw. *Das Große Wunder* ist für kurze Zeit an Fahrzeugen und in der Werbung verwendet worden, bis man sich mit den Berliner Kabelwerken im gegenseitigen Einvernehmen einigte. Die juristische Position der Kabelwerke Berlin war zwar stark, noch stärker aber wohl ihr Wunsch, der Firma DKW ihre »Deka« genannten Reifen zu verkaufen. Noch Ende der 30er-Jahre, also unter der Regie der Auto Union AG, gab es intensive Absprachen mit den Deutschen Kabelwerken über den Schutz und die gemeinsame Verwendung des Namens DKW in unterschiedlichen Warengruppen.[3]

Das erste serienmäßige Automobil von DKW, der P15 von 1928, übernahm das damals übliche Zeichen der Motorräder auf den Kühler. Die Farben Blau und Gelb (entspricht Gold) sind im wahrsten Sinne des Wortes Zschopauer Lokalkolorit: Es handelt sich um die seit dem 17. Jahrhundert benutzten Stadtfarben. Hier wurde erstmals im Zeichen die später grundsätzlich verwendete Schrift »Fette Grotesk« eingesetzt.

Das DKW-Zeichen mit der Weltkugeldarstellung in der Kurbelkammer des Zweitaktmotors am Rahmenkopf des Lomos-Sesselrades (1922) (oben).

Das DKW-Zeichen im Rhombus (Mitte).

DKW in dreiviertelfetter Grotesk und in den klassischen DKW-Farben Gelb und Blau (unten).

1 Vgl. *Siegfried Rauch, DKW,* S. 9.

2 Interview Rasmussens mit der Zeitung *Berlingske Tidende* vom 13. 8. 1934, Übersetzung entnommen aus: *SächsStAC, Auto Union AG, Schiedsgericht Rasmussen ./. Auto Union AG, Schriftsätze.*

3 Diese Aussage bezieht sich auf diversen Schriftwechsel beider Unternehmen bezüglich der Verwendung des Warenzeichens DKW. Offenbar hat es einen Vertrag gegeben, in dem die Modalitäten festgelegt waren. Vgl. *SächsStAC, Auto Union AG, Nr. 2931.*

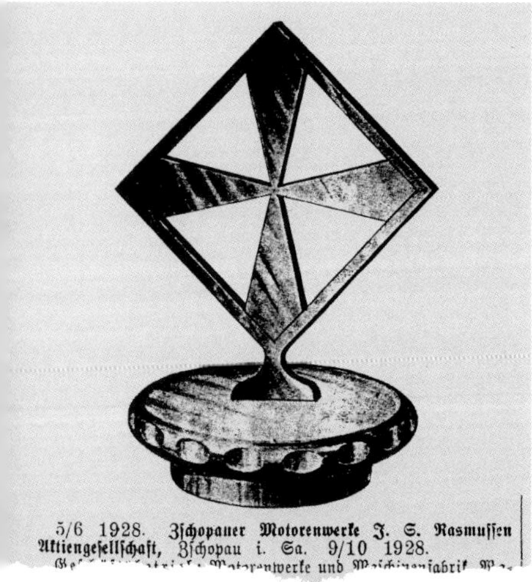

Das Johanniterkreuz als Warenzeichenanmeldung für die Zschopauer DKW-Werke im Jahre 1928 (oben).

Zu Höherem bestimmt: die DKW-Dame auf der Weltkugel (1928) (unten).

Zwei am 5. Juni 1928 angemeldete Zeichen warfen ein interessantes Licht auf die Bemühungen des Motorradproduzenten, ein Automobil zu etablieren. Die erste Kühlerfigur zeigte ein Johanniter- bzw. Malteserkreuz im Rhombus, und dieses Kreuz wurde auch noch in einer anderen Version angemeldet. Das ist deshalb bemerkenswert, weil sich andere Fahrzeughersteller vom Motiv des Kreuzes als singulärem Zeichen ferngehalten haben. Und wenn sie es in ihrem Warenzeichen verwendeten, dann nur als Teil eines historischen Wappens – meistens des Stadtwappens. Das Malteserkreuz ist auch von der Johannisloge genutzt worden, und so könnte sich in dieser Anmeldung ein Hinweis auf Rasmussens enge Freimaurer-Beziehungen offenbaren.[4] Den Rhombus, den auch die *Phänomen-Werke Gustav Hiller* in Zittau seit 1917 verwendeten[5], nutzte Rasmussen schon um 1924, um die drei Buchstaben DKW einzuschreiben.[6]

Gleichzeitig mit dem Kreuz wurde auch eine unbekleidete Frauenfigur angemeldet, die auf einer (Welt-)Kugel stehend die Buchstaben DKW gen Himmel streckt. Dieses Zeichen widerspricht den Vorstellungen, Rasmussen habe stets nur einfache Wagen produzieren wollen. Auch wenn es von dem Warenzeichen wohl nicht einmal ein Modell gegeben hat (denn dann wäre aufgefallen, dass die Buchstaben äußerst fragil aneinander haften und die Figur in dieser Form kaum herstellbar gewesen wäre), so ist allein die Anmeldung der Figur recht aufschlussreich, denn vom Typus her ist diese Kühlerfigur ein Zeichen für einen Luxuswagen. Allerdings fehlt ihr die sonst übliche Dynamik. Während englische und französische Vorbilder wie der *Spirit of Ecstasy* mit dem Wind spielende Formen zeigen, bietet die DKW-Figur ein statisches Bild.

Die bereits erwähnte DKW-Produkt-Offensive ab 1930, die sich vor allem auf den völlig neuen Frontantriebswagen konzentrierte, war begleitet von einem deutlichen Aufschwung in der Werbung und Selbstdarstellung der Marke. Er verband sich u. a. mit dem Namen Siegfried Seher[7], der 1930 als Werbe- und Absatzexperte von Rasmussen engagiert worden war. Unter seinem Einfluss entstand das neue, in Form eines Wappens gestaltete Markenzeichen. Es war erstmals im Februar 1931 auf der Berliner Automobil- und Motorradausstellung am DKW Front F1 und am DKW 4=8 zu sehen: Ein mit der Spitze nach unten gerichtetes Kreissegment[8] in Grün ist auf einen fünfeckigen weißen Schild gelegt, der ebenfalls mit der Spitze nach unten zeigt. In das Kreissegment ist im oberen Bereich der Markenname DKW in einer

Groteskschrift eingeschrieben. Damit waren hier die sächsischen Landesfarben aufgegriffen. Die Abkehr von den Zschopauer Stadtfarben folgte der Logik, dass die Zweigunternehmen Rasmussens längst nicht mehr auf die Stadt beschränkt, sondern weit über das Erzgebirge verstreut waren. Mit der Einführung dieser Schrift endete auch ein Jahrzehnt immer wieder wechselnder und heute damit kaum datierbarer Verwendung unterschiedlicher Typografien. Dennoch dauerte es, wie sich noch zeigen wird, Jahre, bis sich eine einheitliche Schrift durchgesetzt hatte. Das Zeichen wurde später auf die Auto Union übertragen und von ihr weitergeführt.

Das neue DKW-Wappen an der Kühlerfront des DKW-Front in seiner ersten Ausführung (oben).

Die Ringe über dem Wappen waren schon in den 30er-Jahren eine für die DKW-Motorräder charakteristische Vereinigung beider Signets (unten).

4 Im Keller der Rasmussenschen Villa in Zschopau befindet sich ein kapellenartiger Raum mit Ausmalungen, dessen Motive als Hinweis auf die Freimaurer interpretiert werden können. Außerdem gaben Zschopauer Zeitzeugen wie Herr Rudi Orgis (ein früherer DKW-Mitarbeiter) in den späten Achtzigern entsprechende Hinweise.

5 Vgl. Warenzeichenanmeldung vom 2. Januar 1917, Wz-Nr. 216543.

6 Historische Fotografien von DKW-Motorrädern mit Ladepumpenmotor zeigen diesen Rhombus. Die Maschinen des Vorjahres besaßen dieses Zeichen noch nicht. Vgl. u.a. *Siegfried Rauch, DKW*, S. 68.

7 Seher hat DKW noch vor Gründung der Auto Union wieder verlassen.

8 Das Segment könnte durchaus als ein Teil des Johanniter-Kreuzes angesehen werden.

8. Die Marke Wanderer

Der Ursprung der Marke

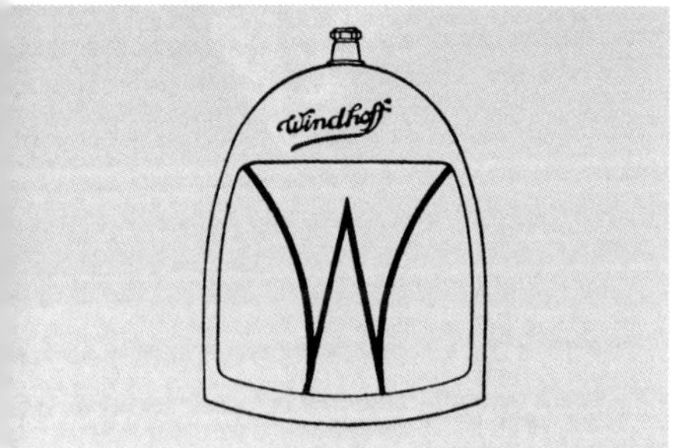

Mit dem auf die Kühlerfront aufgebrachten W sind die ersten Wanderer-Automobile auf den Markt gekommen (1914) (oben).

Bereits 1911 hatten sich die Windhoff-Werke ein sehr ähnliches Zeichen mit dem W schützen lassen. In der Folge unterließ Wanderer eine derartige Bezeichnung (unten).

Die Marke *Wanderer* geht auf Johann Baptist Winklhofer und Richard Adolf Jaenicke zurück, die am 26. Februar 1885 in Chemnitz das *Chemnitzer Velociped-Depot Winklhofer & Jaenicke* gegründet hatten.[1] Bald wurden dort auch Fahrräder montiert und unter dem Namen *Wanderer* angeboten. Bei diesem Namen handelte es sich um die Übersetzung des englischen Lieferanten *Rover*. Eines der ersten Warenzeichen auf den Fahrrädern zeigt eine Schwalbe. Auch hier fungierte die Bezeichnung zunächst als Waren-, nicht aber als Firmenname. Bereits am 4. Januar 1887 wurde das Unternehmen in *Chemnitzer Velociped-Fabrik Winklhofer & Jaenicke* umbenannt.[2] Ein knappes Jahrzehnt später nahm man den Waren- in den Firmennamen auf und wandelte die Firma in *Wanderer Fahrradwerke AG vorm. Winklhofer & Jaenicke* um. Bereits seit 1902 sind auch Wanderer-Motorräder fabriziert worden, und nach der Produktionsaufnahme von Werkzeug- und Schreibmaschinen, letztere wurden unter dem Markennamen *Continental* bekannt, begann man mit der Planung einer Automobilproduktion.

Am 23. Mai 1906 ließ man die Bezeichnung *Wanderermobil* beim Kaiserlichen Patentamt schützen. Bis zur Serienherstellung von Automobilen vergingen jedoch noch weitere sechs Jahre, die ersten Prototypen wurden 1912 fertiggestellt.[3] Zwischenzeitlich nahm man 1908 den Begriff Fahrradwerke aus dem Firmennamen heraus und nannte sich *Wanderer Werke AG vorm. Winklhofer & Jaenicke*. Die zunächst sehr kleinen Wagen mit zwei einzelnen hintereinander angeordneten Sitzen waren mit einem Kühleremblem versehen, das sich in ähnlicher Form auch an den Fahrrädern und den Motorrädern befunden hat. Die beiden miteinander verschlungenen »W« stehen für Wanderer-Werke. Das Zeichen wurde am 11. Januar 1912 als Warenzeichen angemeldet und für eine Vielzahl von Waren geschützt.

Ein Wanderer W 11, Modelljahr 1929, mit dem im Juni des gleichen Jahres zur geschützten Eintragung beantragten Warenzeichen am Kühler. Das Doppel-W darin war blau unterlegt.

Das Wanderer-Emblem mit dem Schriftzug und dem Doppel-W auf rotem Grund zierte am Anfang die Wanderer-Automobile am Kühler, hier am »Puppchen« von 1914. Seit 1926 (W 10) war das Doppel-W in diesem Signet mit blauer Farbe unterlegt.

Außerdem aber zeigten die Wanderer Wagen auf der Kühlerfläche ein in einen Kreis gesetztes W. Die für diesen Buchstaben gewählte Form entsprach nahezu haargenau dem gleichen Initial, das sich die Gebr. Windhoff, Motoren- und Fahrzeugfabrik in Rheine/Westf. 1911 unter der Nr.149 293 hatte schützen lassen. In der Folge unterließen die Chemnitzer eine derartige Kennzeichnung ihrer Fahrzeuge.

1929 ist die Wanderer-Motorradproduktion eingestellt worden – alle Fertigungseinrichtungen wurden einschließlich aller Typen und Konstruktionsunterlagen an NSU in Neckarsulm und Jawa (Janeček und Wanderer) in Prag verkauft. Die Fahrräder blieben im Programm; ihre Angebotspalette ist seit 1931 durch Wanderer Motorfahrräder mit Ilo- oder Sachs-Motor ergänzt worden.

Im Automobilbau beschränkte sich Wanderer seit jeher auf wenige Typen, deren Entwicklung Ende der 20er-Jahre in einen 4- und einen 6-Zylinder-Typ in jeweils zahlreichen Modellvarianten mündete.

1930 schlossen die Wanderer-Werke einen Entwicklungsvertrag mit Ferdinand Porsche, in dessen Folge die Automobile dieser Marke einen bedeutenden und auf den ersten Blick erkennbaren technischen Fortschritt erlebten. Wie bei DKW ließ sich also auch bei Wanderer an der Wende von den 20er- zu den 30er-Jahren eine bemerkenswerte Produktoffensive erkennen, die ebenfalls ihren Niederschlag in den Markenzeichen fand. Betont wurden besonders die modernen Fertigungsverfahren und die den zeitgemäßen Ansprüchen angepasste Fahrzeugcharakteristik.

Die Werksansicht als Bestandteil des Markenemblems zeigten Wanderer-Motorräder in den 20er-Jahren.

Die Warenzeichenanmeldungen vom 6. März 1929 werfen ein Licht darauf. Die Begriffe *Wanderer – Type Chrom* und *Wanderer – Modell Chrom* markieren den Beginn der Verchromung. Sie sind für Fahrräder verwendet worden. Die Bezeichnung *WANDERER Chromrad* folgte am 23. Januar 1930.

In dieser Zeit entstanden zwei neue Wanderer Zeichen. Am 12. Juni 1929 wurde unter der Warenzeichennummer 408534 erstmals das so genannte Flügel-W eingetragen. Gleichzeitig wurde dieses Zeichen zusammen mit dem Wort Wanderer im Kreis geschützt und zusätzlich als Kühlerfigur angemeldet. Interessant ist, dass die Kühlerfigur zusammen mit dem alten Warenzeichen von 1912 gezeigt wird. Möglicherweise wollte man den Übergang vom tradierten, aber alt wirkenden Zeichen zum neuen, noch nicht am Markt eingeführten Zeichen fließend gestalten und damit auf kostenintensive Werbekampagnen wie bei Horch verzichten.

Der seit 1928 als Vorstandsmitglied der Wanderer-Werke arbeitende Klaus-Detlof von Oertzen war nach eigenem Bekunden an der Zeichengestaltung beteiligt:

Meine Frau bestätigt Ihnen, dass ich ... auch das Wandererzeichen mit dem geschwungenen W entworfen habe. Mein Aufsichtsrat ... hat sich damals wegen dieser Entwürfe auf den Kopf gestellt. Er fand meine Entwürfe zu fortschrittlich, vor allem der alte Winklhofer. Mit dem geschwungenen W für Wanderer, da mag auch mitgespielt haben, dass

Das Flügel-W über dem vorderen Schutzblech des Wanderer-Fahrrades (oben).

1929 zeigten Wanderer-Wagen das Flügel-W als Kühlerfigur zusammen mit dem seit 1914 bekannten Signet (unten).

ich Kriegsflieger war. Das Zeichen musste schwungvoll sein. Deshalb hat das W von Wanderer auch Flügelform gehabt, also richtige Schwingen. Als der Winklhofer meine Schwingen sah, sagte er: »Das soll modern sein? Dann haben Sie aber das Moderne im Arsch«.[4]

Auf das Phänomen der Flügel ist schon an anderer Stelle eingegangen worden. Hier bietet sich ein weiterer Beleg dafür, dass die verhinderten Flugzeugenthusiasten im deutschen Automobilbau und bei dessen Zeichenfindung eine wichtige Rolle spielten.

Nur ein halbes Jahr später, am 19. Dezember 1929, wurde ein wiederum völlig neues Zeichen angemeldet, das der zeitgenössischen Mode folgend einen ausgeprägten Wappencharakter zeigte und dafür die sächsischen Landesfarben Weiß und Grün nutzte. Über diese Mode und ihre Herkunft bemerkte Stefan v. Szenasy in seinem Bericht über den Pariser Salon im Oktober 1928: *Aber es geht doch keine Mode ohne Launen und Unsitten vorüber. Jetzt ist die Wappenorgie in voller Blüte. Nachdem Cadillac seit Jahren das Markenzeichen in Wappenform führt, haben fast alle anderen amerikanischen und vielfach auch europäische Fabrikanten die aristokratische Abstammung ihrer*

Sprösslinge entdeckt und einfach fantastische Wappen auf den Kühler gekleckst.[5]

Dieses weiß-grüne Ovalwappen ist an den Wanderer-Automobilen der Typen W10/IV, W 11, W 15, W 17, W 21 und 22 sowie W 235, 240 und 250 zwischen 1930 und 1935 verwendet worden. Zur Automobilausstellung 1936 ist mit dem W 40, W 51 usw. die letzte Ausführung der Modellreihe mit dem Porschemotor vorgestellt worden. Die Wagen zeigten nur noch das Flügel W über der Kühlerattrappe und auf den Raddeckeln. Das Wappen war passee, und auch das Wort Wanderer tauchte nirgendwo mehr auf – übrigens einmalig bei der Auto Union ist dieser Verzicht auf die verbale Erwähnung der Herstellermarke!

Das Wanderer-Cabriolet W 11 vom Jahre 1931 zeigte das weißgrüne, seit Frühjahr 1930 geschützte Logo (oben).

In dieser Form geschützt, aber für Automobile nicht gebraucht – das Wanderer-Wappen von 1929 mit der umlaufenden Schrift Wanderer Werke AG (unten).

1 Vgl. *Mirsching, Wanderer, S.11.*

2 Ebenda.

3 Einer der ersten Wagen befindet sich im Deutschen Museum München. Seine Datierung auf 1911 wird aber angezweifelt.

4 Interview mit Cl. Detlof von Oertzen am 7. Oktober 1987 durch H. R. Etzold u. Th. Erdmann. Abschrift Archiv AUDI AG.

5 *Motor und Sport. Pößneck 1928, Heft 44, S. 68.*

9. Die Auto Union und die Vier Ringe

Ein Blick auf die 30er-Jahre

Der stilisierte und mit Geschwindigkeitsattributen geschmückte Adler in der Markenzeichenanmeldung der gleichnamigen Werke in Frankfurt am Main 1923 (oben).

Walter Gropius entwarf 1930 eine Karosserie für den Adler Standard 8 und verwendete dabei erstmals den straff modernisierten Adler an der Kühlerfront. Ab 1932 trugen ihn alle Wagen dieser Marke.

Die Fusionstendenzen ab Mitte der 20er-Jahre hatten auf die Automobilindustrie in Deutschland einschneidende Auswirkungen. Nur ein Bruchteil der Marken überlebte. Die Stärksten suchten durch Innovationen den Sprung in die Zukunft zu schaffen. Die *Adler-Werke* in Frankfurt engagierten von 1929 bis 1933 Walther Gropius nach seinem Ausscheiden am *Dessauer Bauhaus.*[1] *Adler*, aber auch *BMW, Daimler-Benz, Hanomag* und andere versuchten sich in aerodynamischen Projekten.[2] Visionäre hatten bereits Prototypen für autobahntaugliche Fahrzeuge gebaut. Das Auto für alle, also ein Wagen für das Volk, stand in den Lastenheften der Unternehmen; und es galt, den fertigungstechnischen und damit preislichen Unterschied zu den USA aufzuholen.

Kunst und Politik dieser Zeit – in ideologisch eingeengter Geschichtsschreibung oft genug als Gegensatz deklariert – lassen sich in vielen Zeichen dieser Zeit deutlich ablesen.

Als erstes Beispiel sei hier das Warenzeichen der *Adlerwerke vorm. Heinrich Kleyer A. G.* in Frankfurt/Main genannt. Das 1936 angemeldete Zeichen in Form eines Dreiecks mit nach unten gerichteter Spitze wurde etwa seit 1928 an Fahrzeugen dieser Marke verwendet.[3] Es zeigt den Versuch, die Figur des Adlers zu stilisieren und mit den Attributen Geschwindigkeit (Blitze) und Bewegung (Rad) zu kombinieren. Gleichzeitig ist damit natürlich das deutsche Hoheitssymbol abgebildet. Das fast zeitgleich angemeldete, aber bedeutend jünger wirkende zweite Zeichen trägt deutlich die nüchterne und sachliche Schrift des Bauhauses. Eine Steigerung des Stilisierungsgrades des Adlers erscheint unmöglich. Das Zeichen passte hervorragend zu den kantigen Formen der 1930 entstandenen Gropius-Entwürfe für Adler-Automobile.

Das im Nachhinein bedeutendste Projekt der Dreißiger hatte zunächst keinen Markennamen, sondern nur unhandliche Projektbezeichnungen. Der *Reichsverband der Automobilindustrie e.V (RdA)* beauftragte den Chef der *Dr. Ing. h. c. Ferdinand Porsche GmbH.,*

Ein Auto ohne Zeichen – der KDF-Wagen 1938.

Konstruktionsbüro für Motoren-, Fahrzeug-, Luftfahrzeug- und Wasserfahrzeugbau, mit der Konstruktion eines Kraftwagens. Der RdA meldete die Begriffe *RDA DEUTSCHER VOLKSWAGEN* (22. Oktober 1934), *RDA DEUTSCHES VOLKSAUTOMOBIL* (8. November 1934) und *RDA VOLKSAUTOMOBIL* (15. November 1934) als Verbandszeichen in der Klasse 10 der Warenzeichen beim Deutschen Patentamt an. Das Projekt übernahm die *Deutsche Arbeitsfront*, die für die Herstellung des *Kraft-durch-Freude-Wagen* getauften Autos die *Gesellschaft zur Vorbereitung des Deutschen Volkswagens mbH (Gezuvor)* gründete.

Die 630 bis Kriegsende produzierten zivilen KdF-Wagen[5] trugen keine äußerlich sichtbaren Markenzeichen. Sie waren konkurrenzlos und selbst ein Symbol. Anstelle eines Markenzeichens wurde in Prospekten zunächst das DAF-Symbol – eine Swastika im Strahlenkranz – verwendet. Über Zwischenstufen entstand unter der Regie des Porsche-Mitarbeiters Franz Xaver Reimspiess daraus das uns heute bekannte VW-Zeichen, das noch mit einem Strahlenkranz bzw. einer Zahnraddarstellung am 18. Mai 1938 angemeldet worden ist. Greifbar ist zudem eine Warenzeichenanmeldung vom 18. Juni 1938, die ein Zahnrad als Symbol für den technischen Fortschritt in Kombination mit der Abkürzung *KdF* in einer seltsam kantig anmutenden Fraktur zeigt. Über das VW-Zeichen und den ersten Werksleiter nach dem Zweiten Weltkrieg Heinrich Nordhoff heißt es in einer Biographie dann auch: *Er* [Nordhoff, d.V.] *brachte das VW-Zeichen in Ländern zum An-*

Der kleine Unterschied: die Ergänzung »Deutsches Erzeugnis« in der Ford-Pflaume beim Ford V8 1935 (oben).

Das VW-Markenzeichen von 1938 (unten).

sehen, in denen das Hakenkreuz identisch mit Untermenschentum war; löschte den Swastika-Eindruck aus und ersetzte dieses fremde Kultzeichen durch ein Zeichen eigener Leistung.[6]

Eine politisch motivierte Zeichenänderung sei an dieser Stelle ebenfalls noch erwähnt. Das nicht ganz unkomplizierte Verhältnis des amerikanischen Automobilherstellers *Ford* zum Deutschland der 30er-Jahre begann mit der Errichtung einer eigenständigen Fabrik durch Henry Ford in Köln ab 1930. Den Grundstein dazu legte der damalige Oberbürgermeister Konrad Adenauer. Die ersten dort gefertigten Fahrzeuge zeigten die gleichen Kühlerembleme wie die amerikanischen Wagen.

So wie Opel und die Auto Union mit ihren Kleinwagen auf die 1934 neu anbrechende Motorisierungskonjunktur reagierten, bot auch Ford mit seinem Typ Köln einen entsprechenden Kleinwagen an. Dieser wurde für 1990 RM ausdrücklich als FORD VOLKSWAGEN 1934 vorgestellt.

Trotz der in Köln errichteten Fabrik, die keinesfalls nur ein Montagewerk war, galten Ford-Wagen aber als amerikanische Produkte. Damit war jedoch die Unmöglichkeit verbunden, zum Lieferanten für deutsche Behörden, insbesondere für die Wehrmacht zu werden, die in den 30er-Jahren aufrüstete und entsprechende Aufträge zu vergeben hatte. Gezielte Ford-Aktivitäten hatten zum Ziel, der Öffentlichkeit ins Bewusstsein zu bringen, dass es sich um deutsche Produkte handelte, die in Köln das Band verließen. So sind ab August 1933 alle Ford-Vierzylindermodelle und ab Mitte 1935 auch die V 8 mit dem Zusatz »Deutsches Erzeugnis« im Markenzeichen versehen worden. Im Januar 1937 stimmte dieser Ford-Auffassung der Werberat der deutschen Wirtschaft, am 18. Juni das Oberkommando des Heeres und am 1. September des gleichen Jahres das Reichsverkehrsministerium zu. Seit Juli 1939 firmierte das Kölner Werk auch nicht mehr als Ford Motor Company, sondern als Fordwerke AG.[7]

1 Vgl. dazu u.a.: *Margolius, Automobiles by Architects,* S. 44 ff.

2 Protagonisten waren u.a. Wendler, Jaray, Kamm, Koenig-Fachsenfeld und Ledwinka.

3 Verwendet u.a. am Adler Standard von 1928, Exponat im Deutschen Museum München.

4 Hier liegt einer der Fälle vor, bei dem aus einer erfolgreichen Typenbezeichnung eine Firmenbezeichnung wurde.

5 Vgl. Volkswagen, *Das Buch. Von Volkswagen,* S. 64.

6 Aus: *Scherzinger/Simon/Zischka, Nordhoff,* S. 72.

7 Vgl. hierzu *Oswald, Werner: Deutsche Autos 1920 bis 1945.* Stuttgart, 1. Auflage 1977, S.112 sowie *Seherr-Thoss: Die Deutsche Automobilindustrie,* 2. Auflage, S. 310.

Sichtbarer konnte technischer Fortschritt kaum sein: mit aerodynamisch geformten Leichtmetall-Karosserien für Sportwagen begründet die Auto Union 1937 ihre eigenständige Markentradition. Die für die Fernfahrt Lüttich-Rom-Lüttich entwickelten Wagen trugen nur noch die Vier Ringe und sonst keinerlei Markenhinweise mehr (oben).

Der 1935 präsentierte Opel „Olympia" zeigte als Modellzeichen den Diskuswerfer nach antikem Vorbild am Kühler (links).

Die Vier Ringe

NAG-Emblem von 1910.

Die Auto Union Aktiengesellschaft wurde am 29. Juni 1932 rückwirkend zum 1. November 1931 mit Sitz in Chemnitz gegründet. Das Verwaltungszentrum befand sich zunächst in Zschopau, ab 1936 in Chemnitz. Kernstücke des Unternehmens waren das DKW-Imperium von Jörgen Skafte Rasmussen, die von ihm 1928 aufgekauften *Audiwerke Zwickau*, die *Horchwerke Zwickau* sowie die Automobilabteilung der *Wanderer-Werke* in Chemnitz-Siegmar. Die Aktienmehrheit befand sich von Anfang an bei der Sächsischen Staatsbank.

An der Entstehung des Unternehmens war Richard Bruhn, ein früherer Führungsmitarbeiter bei der *AEG* und bei *Junkers*, maßgeblich beteiligt. Er war also bei Firmen tätig gewesen, die ein sehr modernes Erscheinungsbild besaßen. Die *AEG* hatte viele ihrer Produkte und auch ihr Warenzeichen von Peter Behrens gestalten lassen. Der 1868 geborene Behrens war Architekt, Formgestalter und Grafiker zugleich. Man kann behaupten, dass er als einer der Ersten ein einheitliches Erscheinungsbild eines deutschen Industrieunternehmens geschaffen hat. Sein lange verwendetes Warenzeichen für die *AEG* ist spätestens im Juni 1908[1] entstanden und gilt auch heute noch als ästhetisch gut gelungen. Eng mit der *AEG* verknüpft war in dieser Zeit der Autohersteller *NAG*, dessen Zeichen durch Behrens spätestens im Dezember 1910 adäquat zum AEG-Zeichen geschaffen worden ist.[2]

Ähnlich wie die *AEG* in Berlin war auch *Junkers* sehr eng mit der zeitgenössischen Kunst verbunden.[3] Die in Dessau ansässige Firma hatte seit 1925 vielfältige Kontakte zum dortigen *Bauhaus*. Bruhn war also durch seine bisherigen Firmenerfahrungen ganz sicher die Vorstellung von einem einheitlichen und modernen Erscheinungsbild des neu zu gründenden Verbundes der Unternehmen vermittelt worden.

Wer die Idee mit den Ringen hatte, ist heute nicht mehr zweifelsfrei festzustellen. Claus-Detlof von Oertzen äußerte:

Wenn ich unter Eid gefragt würde, wer denn auf die Idee mit den vier Ringen gekommen ist, dann würde ich sagen: Das war ich. Das hatte

Charakter-Gesicht: die Horch Reihen-Achtzylinder – Pullmanlimousine in den 30er Jahren (rechte Seite).

AUTO UNION

Ausschließlich für Drucksachen vorgesehen war das von Demar gezeichnete Logo, in dem die Vier Ringe durch die einschlägigen Produkte ergänzt worden sind.

auch etwas mit Olympia und den Olympischen Spielen zu tun. Das war die Idee, die in meinem Kopf rumgeisterte. Von den fünf Ringen der Olympiade können wir vier nehmen. Jeder Ring war für eine der vier Firmen.[4]

Beteiligt war auch die Agentur *Klischee und Werbekunst Reimert, Lingel & Co* in Chemnitz an dem Entwurf. Sie ist zumindest mit der grafischen Umsetzung der Idee beauftragt gewesen.[5]

Das erste nachweisbare Markenzeichen meldete die *Auto Union AG* wenige Wochen nach ihrer Gründung am 8. August 1932 beim Reichspatentamt an. Die auf den 16. Juli 1932 datierten Aktien zeigen bereits dieses Zeichen.[6] Es besteht aus vier ineinander verschlungenen Kreisringen, in welche jeweils die alten Markenzeichen von Audi, DKW, Horch und Wanderer eingetragen sind. Von dieser alphabetisch bestimmten Reihenfolge ist man später nie wieder abgerückt. Zusätzlich waren die Firmennamen in Majuskelschrift jeweils am Fußpunkt der Ringe eingeschrieben. Dieses Warenzeichen ist in der Werbung und im Schriftverkehr bis etwa 1935 eingesetzt worden. Eine werksseitige Verwendung dieses Zeichens an den Fahrzeugen ist nicht bekannt.

Die Entstehungsgeschichte des Emblems hat v. Oertzen in seinen zitierten Erinnerungen wiedergegeben. Wie er selbst hervorhebt, hat er sich bei der Zeichenführung am Geschehen um die Olympischen Spiele orientiert, wodurch das entsprechende Symbol sehr populär geworden war. Das Internationale Olympische Komitee hatte 1931 in Barcelona beschlossen, die Olympischen Spiele 1936 in Deutschland auszutragen. Diese Entscheidung und die im Sommer 1932 in Los Angeles stattfindenden Olympischen Sommerspiele sorgten dafür, dass die olympischen Ringe als Zeichen in den Printmedien nahezu allgegenwärtig waren.[7]

Auch andere Fahrzeughersteller nutzten nach 1931 die Begeisterung für die Olympischen Spiele, um neue, Erfolg versprechende Warenzeichen anzumelden.

Der Automobil-Hersteller *Neue Röhr-Werke AG* in Oberramstadt meldete am 3. Februar 1934 den Begriff *Olympier* als Warenzeichen an (466953).

Ein Jahr später, am 18. Januar 1935, meldete die *Adam Opel AG* das Relief eines Diskuswerfers mit darunter stehendem Antiqua-Schriftzug *Typ Olympia* (491221) für sich an.[8] Der Diskuswerfer ist eindeutig nach dem antiken Vorbild des *Diskobol des Myron*[9] geschaffen worden. Kurz darauf, am 29. Januar 1935, wurde auch der Begriff *Olymp* angemeldet und unter der Nummer 478685 geschützt.

Am 14. März 1934 ließ die Auto Union die vier ineinander verschlungenen Ringe ohne jegliche Zufügung von Namen oder Zeichen für sich schützen. Nur etwa einen Monat später, am 17. April, wurden abermals die Vier Ringe, nun aber erstmals mit dem später auch an den Fahrzeugen verwendeten Balken mit der Aufschrift *AUTO UNION* angemeldet. Den Reigen schließt die Anmeldung vom 9. September 1934. Die balkenlosen Vier Ringe erscheinen hier über dem Begriff *VIERRINGE.* Über die Farbigkeit des Konzernemblems gab es keine Festlegungen. Bei flächiger Auftragung sind sie einfach oder konturiert meist in Weiß oder Schwarz ausgeführt worden. Ein einziger Fall von Mehrfarbigkeit ist bekannt: Die Auto Union-Rennwagen trugen vorn die vier Ringe mit der Inschrift Auto Union in den weiß-grünen sächsischen Landesfarben und zusätzlich in der höchstwertigen Farbe Gold über schwarzer Kontur.

Das Markenzeichen des Verbundes wurde nach 1932 keineswegs als Ersatzzeichen für die Marken Audi, DKW, Horch und Wanderer genutzt. Erst ab März 1934 wurde das Auto Union-Emblem zusätzlich an die Mittelachse des Kühlers oder der Kühlerattrappe geschraubt. Die Auto Union hatte mit ihrer Gründung die Warenzeichen von Audi, DKW und Horch übernommen sowie die Verfügungsrechte über die Wanderer-

Die höherwertig angesiedelten Marken und Modelle der Auto Union zeigten seit 1936 dieses etwas kleinere Vier Ringe-Zeichen aus LM-Guss (oben).

Ab 1934 trugen zunächst alle Auto Union-Wagen dieses Emblem aus Zinkdruckguss auf dem Kühler (unten).

Zeichen erhalten. Sie meldete nun auch neue Varianten sowie eine Reihe von Wortmarken an.

Dabei sollten die Signets künftig auch die Einheit des Konzernverbandes klarer zum Ausdruck bringen. Zeitgleich wurde der bisherige Brauch, die alten Markenzeichen und das Auto Union-Emblem grundsätzlich getrennt zu zeigen, überwunden. So entstanden drei Kombinationen aus den alten Warenzeichen und den Vier Ringen der Auto Union. Sie wurden am 26. Mai 1936 beim Patentamt angemeldet. Man war fest entschlossen, die alten Marken weiterhin zu verwenden, sie aber immer im Verbund mit dem Zeichen der Auto Union zu zeigen. Damit sollte sowohl die Zusammengehörigkeit innerhalb des Konzerns als auch der Fortbestand der einzelnen Marken visualisiert werden. Bei Audi, DKW und Horch lagen die Dinge klar. Probleme gab es mit der uneingeschränkten Verwendung der Wanderer-Warenzeichen.[10]

Konzernintegration und Corporate Identity: Die traditionellen Markenzeichen wurden nun nicht mehr getrennt, sondern vereint mit den Vier Ringen gezeigt (oben).

Das farbig ausgetragene Vier-Ringe-Emblem auf dem Stromlinien-Rekord-Wagen Auto Union Typ C 1937 (unten).

1 Vgl. *Gabriele Heidecker, Das Werbe-Kunst-Stück*. In: *Buddensieg, Peter Behrens und die AEG*, S. 167.

2 Zur Urheberschaft vgl. ebenda. Die Datierung bezieht sich auf die Warenzeichenanmeldung.

3 Die verblüffende Analogie der Behrens-Zeichen der AEG und NAG von 1908 und 1910 einerseits und dem Junkers-Warenzeichen von 1925 ist noch ungeklärt. Direkte Verbindungen sind nicht bekannt. Vgl. hierzu Siegfried, Detlef: *Der Fliegerblick. Intellektuelle, Radikalismus und Flugzeugproduktion bei Junkers 1914 bis 1934.* Bonn 2001.

4 Interview mit Claus Detlof von Oertzen am 7.10.1987 mit Hans-Rüdiger Etzold u. Thomas Erdmann. Abschrift im Archiv AUDI AG. Der Sohn von J. S. Rasmussen, Ove Rasmussen, sieht diese Aussage eher kritisch. Andere wiederum nennen Bruhn den Ideengeber für die Vier Ringe. Vgl. *Etzold / Erdmann, Im Zeichen der Vier Ringe 1873 – 1945,* S. 14.

5 Diese Aussage bezieht sich auf Informationen, die die Nachkommen von Kurt Max Zwinscher (einem Mitarbeiter in dieser Werbeagentur) der AUDI AG zukommen ließen. Quelle: Archiv AUDI AG, Akte Zwinscher.

6 Siehe: *Auto Union Aktiengesellschaft Chemnitz, Aktie Nr. 04551* vom 16.7.1932. Quelle: Archiv AUDI AG.

7 Die fünf verschiedenfarbigen Ringe sind übrigens bereits am 23. Juni 1914 auf einer Festsitzung des IOC an der Pariser Sorbonne im Beisein des französischen Präsidenten vorgestellt worden und sollen die Eintracht der Kontinente im Zeichen des olympischen Friedens symbolisieren.

8 Das Warenzeichen ist als Typenbezeichnung verwendet worden. Es sei hier daran erinnert, dass ein Opel Olympia an Bord eines Luftschiffes zu Propagandazwecken im März 1936 von Berlin nach Rio de Janeiro (dem geplanten Austragungsort der Olympiade 1940) mitflog.

9 Der Torso einer Marmorkopie des Diskobol des Myron wird auf die Zeit um 540 v. Chr. datiert; das Original befindet sich im Thermenmuseum in Rom.

10 Der Schutz für ein entsprechendes Warenzeichen wurde auch für Wanderer Automobile am 8. Mai 1936 angemeldet, aber nie gewährt. Handschriftliches Warenzeichenbuch der Auto Union. Lfd. Nr. 180.

Ab 1936 bekamen die DKW-Wagen aus Blech gedrückte Embleme, die verchromt wurden.

10 497834 A 27870

25/8 1937. Auto Union Aktiengesellschaft, Chemnitz, Scheffelstr. 110. 24/11 1937.
Geschäftsbetrieb: Fabrikation und Vertrieb von Fahrzeugen, Maschinen

Das weiß-grüne Wanderer Wappen mit dem Flügel-W als Kühlerfigur am W 11 1930 (oben).

Auto Union ließ sich 1937 das Flügel-W mit dem Band für ihre Wanderer-Automobile schützen (Mitte).

Das seit 1937 gebrauchte – allerdings nicht geschützte – Zeichen für Wanderer Automobile am Reserverad des W 24 Baujahr 1938 (rechte Seite oben).

Der Warenzeichenstreit zwischen der Auto Union und den Wanderer-Werken

Die *Auto Union AG* konnte nach ihrer Gründung über die Markenzeichen der Firmen *Audi, DKW* und *Horch* aufgrund ihrer Rechtsnachfolge frei verfügen. Anders verhielt sich die Sachlage bei den Warenzeichen und dem Namen der *Wanderer-Werke vormals Winklhofer & Jänicke A.-G.* Die *Auto Union* hatte nicht die gesamte Firma, sondern nur den Geschäftsbetrieb der Automobilfabrikation übernommen. Dabei hatte sie von den Wanderer-Werken das Recht eingeräumt bekommen, das Wort- und Bildzeichen *Wanderer* für den Vertrieb von Kraftfahrzeugen zu benutzen. Diese Option hat die Auto Union wahrgenommen und am 5. September 1932 das Wortzeichen Wanderer und das geflügelte W in der Warenklasse 10 für Automobile schützen lassen. Der Kaufpreis für die immateriellen Werte (also Patente, Gebrauchsmuster und Warenzeichen) wurde auf 325.000 RM festgelegt.[1]

Zunächst ist von der Auto Union für die Wanderer-Fahrzeuge auch das Warenzeichen genutzt worden, das aus einem Hochoval bestand, in dem sechs Farbfelder abwechselnd mit den sächsischen Landesfarben Weiß und Grün gefüllt sind. Zu beiden Seiten sind Schriftbänder angebracht, auf denen in Groteskschrift jeweils der Markenname *Wanderer* eingetragen ist.

Die Vereinbarung zwischen der Auto Union und Wanderer führte bei dem geflügelten W zu einer parallelen Verwendung des gleichen Zeichens von zwei unterschiedlichen Unternehmen und damit zu einer langjährigen und juristisch äußerst komplizierten Auseinandersetzung zwischen den beiden. Sie wurde begleitet von zahlreichen Schriftsätzen, Gutachten und Streitschriften, die überwiegend erhalten geblieben sind, weil sie wegen ihrer juristischen Relevanz nicht den

gigantischen Aktenvernichtungen im Zweiten Weltkrieg zum Opfer gefallen[2] sind.

Die Auseinandersetzung führte zu immer neuen Anmeldungen von Warenzeichen für die Marke Wanderer sowohl von den Wanderer-Werken als auch von der Auto Union. Mit Gerichtshilfe setzten die Wanderer-Werke durch, dass die Auto Union das Wanderer-Zeichen nur noch im Zusammenhang mit dem Wort Automobile grafisch verwenden durfte.

Das führte zur Schlussfolgerung, dass der Begriff *Original-Wanderer-Ersatzteile* nicht mehr verwendet werden durfte, sondern durch den Begriff *Original-Ersatzteile für Wanderer-Automobile* ersetzt werden musste.[3] Die Auto Union ließ u.a. durch den Berliner Rechtsanwalt Dr. Keil *Rechtsgutachten betreffend die Benutzung des Zeichens Wanderer und des Zeichens Flügel-W. durch die AUTO UNION A.G.* anfertigen. Dr. Keil war auf dem Gebiet des Rechtsschutzes von Markenzeichen ein ausgewiesener Spezialist und erstellte auch für andere Automobilhersteller Gutachten.[4]

Vorsichtshalber hatte die Auto Union durch ein Rundschreiben bereits am 13. August 1934 bekannt gegeben, dass die Produktions-

So fand sich das Wandererzeichen in Schrift und Farbe an den Autos dieser Marke.

Die dem Kühlerprofil angepasste, fließender gestaltete 1 auf dem Audi 920 (1939) wies auf den Markenbezug hin, die Vier Ringe verdeutlichten den Konzernzusammenhang in der Auto Union. Das Audi Wappen fand sich nur noch auf den Radkappen (oben).

Das Integrationszeichen für die Marke Audi im Konzernverband der Auto Union ab 1936/37. Es fand sich in dieser Form auf allen Drucksachen sowie seit 1939 auf der Radkappe des Reserverades am Audi 920 (unten).

stätte nicht mehr *Wanderer-Werk*, sondern *Werk Siegmar der Auto Union* heißt.[5] Dennoch gab es noch 1938 Auseinandersetzungen wegen fehlgeleiteter Post, in deren Folge schließlich die Post wegen groben Fehlverhaltens gerügt wurde.[6]

Am 26. Mai 1936 meldete die Auto Union gleichzeitig mit den Kombinationen der Auto Union Ringe und dem Zeichen von Audi, Horch und DKW ein Zeichen mit den Vier Ringen an[7], das der Erstanmeldung der Vier Ringe vom August 1932 bis auf ein Detail glich: Im vierten Ring fehlte das Wanderer-Zeichen, und auch das Wort Wanderer tauchte nicht mehr auf. Die Auseinandersetzungen waren hart geworden. Die Wanderer-Werke wollten ihren aus zeitgenössischer Sicht voreiligen Rücktritt von den Markenrechten am liebsten rückgängig machen, wogegen sich die Auto Union mit allen Mitteln sträubte. Aber wie lange würde sie damit erfolgreich sein?

Die Auto Union hat ihre Produkte nie mit Hilfe von Vertretungen oder von Vertreternetzen, sondern immer – abgesehen von den Filialen – nur über Händler vertrieben. Denen oblag auch die Werbung vor Ort, und dabei gingen sie oft mit pfiffigen Ideen und voller kreativer Überlegungen vor – leider zu selten auch firmenrechtlich korrekt. Daher legte die Auto Union sehr großen Wert auf einen konzerneinheitlich geregelten Außenauftritt, wobei es besonders darauf ankam, die rechtsverbindlichen Festlegungen im Bild-, Schrift- und Firmenauftritt durchzusetzen und streng zu überwachen.

Dafür sind ausdrücklich *ANORDNUNGEN der AUTO UNION A-G über Verwendung von Firmennamen, Warenzeichen und Markenbezeichnungen* im November 1937 herausgegeben worden. An die Adresse der Wanderer-Händler hieß es darin unter Punkt VI.:

Für die Händler, die Wanderer-Automobile vertreiben, ist die Beachtung folgender Richtlinien unbedingte Pflicht:

a) Als Markenzeichen darf nur das nachstehende Zeichen verwendet werden: [Warenzeichen 497834, d. V.] *also »Flügel-W« auf Band mit Inschrift »Automobile«.*

Wichtig ist, dass dieses neue Zeichen für WANDERER-Automobile niemals ohne Zusammenhang mit dem Vier-Ringe-Zeichen Verwendung finden darf. Es kommt also stets darauf an, dass der Zusammenhang zwischen WANDERER-Automobilen und AUTO UNION A-G durch die Anordnung der Zeichen zum Ausdruck kommt.

b) Das Wort »Wanderer« darf nur in unmittelbarer Verbindung mit dem Zusatz »Automobile« benutzt werden.

Eine Ausnahme ist einzig für den Fall gestattet, dass mit der Bezeichnung »Wanderer« ein Typ aus dem Gesamtprogramm der WANDERER-Automobile-Produktion hervorgehoben werden soll. Also z. B.:

»WANDERER W 24«

Um in Werbetexten Wiederholungen der Worte WANDERER-»Automobile« zu vermeiden, kann auch die Wendung WANDERER-»Wagen« gebraucht werden.[8]

Stichtag für die verbindliche Gültigkeit dieser Festlegung wurde der 1. Januar 1938. Bis dahin mussten also sämtliche Werbeformen im Druckmedium umgestellt sein.[9]

Selbst der »Vater« der Unternehmen Horch und Audi hat sich in dieser angespannten Rechtslage durch die Auto Union AG wegen einer falschen Darstellung der Fusion in der *Münchner Illustrierten Presse* 1937 verbessern lassen müssen.[10] Er hatte dort zum Verdruss der Auto Union ausgeführt, dass 1932 *der Zusammenschluss der Firmen Audi, DKW, Wanderer und Horch*[11] stattfand.

Selbst der Kompromiss der ständigen Verwendung des Wortes Wanderer mit dem Wort Automobile von Seiten der Auto Union war binnen kurzer Zeit den Wanderer Werken nicht mehr ausreichend. Sie argumentierten im April 1938: *Es gibt keine Wanderer-Automobile, denn »Wanderer« baut keine Automobile.*[12] Mit Kriegsausbruch wurde der Streit vertagt; nach Kriegsende und der folgenden Enteignung beider Unternehmen war er schließlich auch gegenstandslos geworden.

Auch die DKW-Händler mussten ermahnt werden, sich an die Regeln zu halten. In den erwähnten Anordnungen hieß es dazu: *Das Buchstabenzeichen DKW ist der AUTO Union A.-G. geschützt. Es darf nur in folgender Form angewendet werden* [Bild Wortzeichen DKW in fetter Grotesk gesetzt]. *Dies gilt für jegliche Verwendungsart bei Inseraten, Werbeschriften, Schaufensterbeschriftung etc. Der Fachausdruck heißt: »Fette Grotesk«. Jede andere Schrift ist unzulässig.*[13]

Bei den Warenzeichen an den Fahrzeugen war eine deutliche Entwicklung der Zeichen in Hinblick auf eine Adaption an die neuen Karosserieformen – insbesondere an die Stromlinienform – zu erkennen.

Am einfachsten geschah das beim zweidimensionalen DKW-Zeichen. Es wurde zunächst von der ehemals steilen Kühlermaske einfach ohne große formale Änderungen auf die ab Ende der Dreißiger deutlich geneigte Frontpartie übernommen.

Die ursprünglich steil stehende Audi »1« ist als dreidimensionales Zeichen wiederholt verändert worden. Ursprünglich stand sie steil, groß und aufrecht wie eine deutsche Eiche im Fahrtwind. Sie war so

1 Vgl. *SächsStAC, Auto Union AG, Nr. 985 p. 105.*

2 Die erhalten gebliebenen Bestände der Auto Union befinden sich heute größtenteils im Sächsischen Staatsarchiv Chemnitz. Zur Aktenlage vgl. *Martin Kukowski, Lutz Sartor: Auf den Spuren deutscher und sächsischer Automobilgeschichte. Erschließungsprojekt »Auto Union AG Chemnitz«* in: *Sächsisches Archivblatt 2/1999*, S.1-4.

3 Vgl. *SächsStAC, Auto Union AG, Nr. 985.*

4 Das geht aus dem überlieferten Schriftwechsel der Auto Union hervor. *Vgl. SächsStAC, Auto Union AG.*

5 Vgl. *SächsStAC Auto Union AG, Nr. 985.*

6 Vgl. *SächsStAC Auto Union AG, Nr. 986.*

7 Warenzeichen-Nr. 508081.

8 Aus: *Anordnungen der Auto Union A-G über Verwendung von Firmennamen, Warenbezeichnungen und Markenbezeichnungen* vom November 1937. Die Anordnungen waren Bestandteil vom Händlervertrag. Quelle: Archiv AUDI AG.

9 Vgl. ebenda.

10 Vgl. *SächsStAC, Auto Union AG, Nr. 985* p. 166.

11 Aus: *Münchner Illustrierte Presse 1937 / Nr. 45*, S. 1583.

12 Aus: *Brief der Auto Union an den Vorstand der Wanderer-Werke Betr.: Aufklärungsmaßnahmen vom 17. Mai 1938.* Quelle: *SächsStAC, Auto Union AG*, Nr. 986 p. 53.

13 *Anordnungen der Auto Union ...* a.a.O.

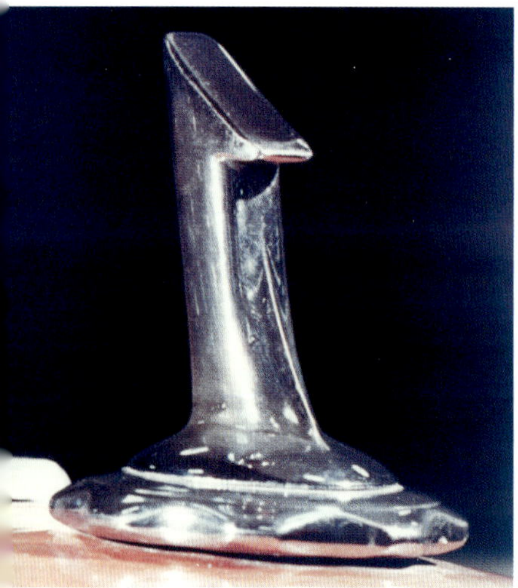

Die schräg gestellte 1 auf der Kühlerverschraubung mit dem stark abgeflachten Kugelsegment am Audi Front 1936.

groß geraten, dass auf ihrer Rückseite sogar noch ein Thermometer Platz fand, welches dem Fahrer bedrohlich steigende Kühlwassertemperaturen signalisierte. Seitdem die Marke Audi durch die kleineren Fronttriebler verkörpert wurde, schrumpften auch die Galionsfiguren zu freundlicherer Größe – Platz für das Thermometer boten sie freilich immer noch. Seit 1936 gab es neben der Standardausführung des frontgetriebenen Audi noch eine Luxusausgabe. Die hatte erstmals eine stärker nach hinten geneigte »1« auf dem Kühler. Auf der Berliner Automobilausstellung 1937 präsentierte die Auto Union das Audi Spezial Cabriolet mit Gläser-Karosserie. Auch hier fand sich eine stark nach hinten geneigte »1«, die die Neigung der Kühlerfront aufnahm.

Beim Audi 920, der 1939 herauskam, konnte mit den neuen Motorhauben gänzlich auf den von außen zugänglichen Kühlerverschluss verzichtet werden. Damit ließ sich die »1« als Teil der mittleren Zierleiste ausbilden. Bemerkenswert ist, dass hier offenkundig den Karosseriegestaltern ein gewisses Maß an Freiräumen gelassen wurde, die eine derartig harmonische Synthese von Karosserieformen und Warenzeichen zuließen.

Bei den Horch-Fahrzeugen ließ sich die geflügelte Weltkugel an relativ modernen Formen einsetzen, weil ihre schwungvolle Dynamik mit einer Vielzahl von Karosserie-Entwürfen von konservativ bis sportlichrassig vereinbar war. Erst als 1939 der Horch 930 S mit seiner Stromlinienform entwickelt wurde, musste die Kühlerfigur weichen. Sie wurde durch eine Halbkugel ersetzt, auf die zwei weit nach hinten geschwungene Flügel aufgesetzt worden sind. Geschaffen haben könnten dieses Detail Günther Mikwausch und Georg Hufnagel, die für den DKW F 9 wie auch für diesen Horch 930 S federführend bei der Gestaltung waren.[14] Der Prototyp des F9 von 1939 trug ein adäquates geflügeltes Stilelement, hier war die Ausgangsform der DKW-Schild.

Die analog zum Horch neu gestaltete Galionsfigur auf der Front des DKW F9 (linke Seite oben).

Die neuartig gestaltete geflügelte Weltkugel als Galionsfigur am Horch 930 S (oben).

Für Fragen der Marken und Markenrechte war bei der Auto Union AG die Patentabteilung zuständig, insbesondere trat hier ihr Leiter, Ober-Ingenieur Jansen, hervor.

Mit der zunehmenden Verschmelzung der Einzelunternehmen zum Gesamtkonzern und im Zuge der damit möglichen Vereinheitlichungen plante die Auto Union 1935 Ersatzteile mit den Vier Ringen zu ver-

Zur Automobilausstellung 1934 kam die DKW-Schwebeklasse neu heraus. Seit dem gleichen Zeitpunkt zeigten alle Auto Union-Modelle das Vier Ringe-Emblem am Kühler, hier vorerst provisorisch befestigt.

sehen und in den Ring, der dem jeweiligen Fabrikat entspräche, ein Kreuz zu machen.[15] Die Normenstelle der Auto Union hatte daher bereits im August 1935 eine detaillierte Zeichnung über die Kennzeichnung der Ersatzteile ausgearbeitet. Umgesetzt wurde die Idee dann aber einfacher: Ersatzteile mit einem Punkt im (von links gesehen) ersten Kreis waren Teile für *Audi*, Teile mit einem Punkt im ersten und einem im zweiten Kreis solche für *DKW* usw. Die Ersatzteile wurden ab 1937 so gekennzeichnet.

Die Neuanmeldungen von Marken begannen sehr schnell nach der Fusion. Die Wortmarken bezogen sich einmal auf Patente wie die *Schwebeachse*, als Warenname angemeldet am 19. Oktober 1932, und auf die verschiedenen Fahrzeugkonzepte wie die *DKW SONDERKLASSE*, *DKW REICHSKLASSE* und *DKW MEISTERKLASSE* sowie *DKW GELÄNDESPORT* und *DKW WEHRSPORT*. Diese Begriffe wurden vom Juli 1933 bis Januar 1934 angemeldet. Gerade der letzte Begriff, der *Wehrsport*, ist

heute auffällig, da er offensichtlich sehr großzügig – praktisch jedem Anmelder – geschützt worden ist. Es scheint das Schlagwort des Jahres gewesen zu sein, denn 1933 meldeten auch die *NSU* Neckarsulm den Begriff *NSU WEHRSPORT*[16] und das *Imperia-Fahrzeugwerk* Bad Godesberg dementsprechend *Imperia-Wehrsport* (465920) für Motorräder an. Der Nazi-Geist war damit durchgeschlagen bis hin zur Modellbezeichnung, die das technische Konzept und seine Zielrichtung im Motorradbau offenbarte. Bei DKW ist der Begriff zwar geschützt, aber nie gebraucht worden.

Ein anderes Schlagwort jener Zeit war das Wort Autobahn. Die Auto Union AG meldete am 1. November 1936 auch diesen Begriff beim Patentamt an – aber vergeblich. Der Schutz wurde nicht erteilt.[17]

Ansonsten wurden in diesen Jahren nur noch wenige neue Begriffe geschützt. Damit offenbarte sich auch bei den Warenzeichen die gleiche Tendenz wie bei den Patenten, deren Anzahl in den 30er-Jahren bis 1938 auf den Stand von 1921 zurückfiel.[18]

Die Ersatzteilmarkierung der Auto Union am Beispiel des Tanks für den DKW F7, der ein in den ersten beiden Ringen (für DKW) gepunktetes Emblem zeigte.

Erstmals für die Marke Horch war an dem einmalig zur Berliner Automobilausstellung 1939 gezeigten 930 S das integrierte Logo von Horch und den Vier Ringen zu sehen.

Die Warenzeichen-Anmeldungen der Auto Union galten vor allem der Förderung verstärkter Exportbemühungen und stellten die in Deutschland schon eingetragenen Zeichen auch in den jeweiligen Ländern unter Schutz. Darüber hinaus kamen für den sächsischen Konzern Begriffe als Ausdruck technischer Neuerungen hinzu. So folgte *DKW-SCHWEBEKLASSE* am 23. März 1934. Die Namen *Phenolpanzer*, *Ferroplast* und *Elastikpanzer* als Spiegel der Kunststoffentwicklung – oder Suche nach Ersatzstoffen – jener Zeit wurden Ende September und Anfang Oktober 1936 angemeldet. Auch das Zeichen für die zusammen mit dem Ing. Weihe entwickelte und nach ihm benannte Weihe-Bremse, das recht deutlich den Bezugsgegenstand, eine hydraulische Allrad-Servo-Bremse, erkennen ließ, wurde 1938 angemeldet, jedoch nie genutzt. Die Auto Union einigte sich mit dem Bremsen-Monopolisten Ate auf dem Vergleichswege und verzichtete auf die Eigenfertigung.

Das vor Serieneinführung stehende DKW-Motorfahrrad sollte 1940 auf den Namen »Hummel« getauft werden; entsprechend lautete auch das bereits 1937 eingetragene Warenzeichen. Infolge des Kriegsausbruchs wurde daraus nichts, und so kam der Name erst 16 Jahre später zu Ehren, als die Ingolstädter Auto Union 1956 das erste Dreigang-Moped unter dieser Bezeichnung herausbrachte.

Am 13. April 1938 meldete die Auto Union AG ein Blitz-Zeichen an. Vor den stark stilisierten Vier Ringen ist die Darstellung eines Blitzes geschoben, in den der Begriff *AUTO UNION* eingeschrieben wurde. Dieses Warenzeichen wurde, wie bei der Auto Union üblich, auch außerhalb Deutschlands bei der Internationalen Registrierungsbehörde in Bern eingetragen. Die Eintragung erfolgte am 19. September 1939 und schützte die Marke in den Staaten, die als Verbündete Deutschlands galten.[19] Sie betraf die Produkte der Kfz-Elektrik, die im Chemnitzer Werk Rößlerstraße hergestellt worden sind.

In den Warenzeichenblättern finden sich ab 1940 – von wenigen Ausnahmen abgesehen – in der Warenzeichengruppe 10 nur noch Anmeldungen von bekannten Warenzeichen für die annektierten Gebiete. Die Produktion der Automobilhersteller wurde auf Militärfahrzeuge und Rüstungsgüter umgestellt, die nach geltenden Richtlinien keine Markenzeichen besitzen durften, sondern nur mit den Kurzbezeichnungen aus der Militärsprache versehen wurden. Als Beispiel hierfür soll u.a. das bei der Auto Union gefertigte Kfz. 15 (intern Horch 901) angeführt werden.

Auch bei der US-Army waren derartige Abkürzungen üblich. Die berühmteste findet sich heute noch im Wort *Jeep* wieder. Ursprünglich hatte die US-Army 1940 die Konstruktion eines Universal-Fahrzeuges ausgeschrieben. Die Abkürzung *GP* (für *general purpose*) wurde im Armee-Slang zum Wort *Jeep*. Dieses neue Wort wurde 1950 als Warenzeichen angemeldet[20] und gehört heute der *DaimlerChrysler AG*. Die Wortmarke hat sich allerdings im allgemeinen Sprachgebrauch als Synonym für Geländewagen entwickelt.

Auf alle jemals auf den Namen der Auto Union angemeldeten Warenzeichen kann hier nicht eingegangen werden. Das Unternehmen hatte ein handschriftliches Register über die Zeichen angelegt, die von ihm angemeldet wurden.[21] Es endet mit der laufenden Nummer 504 – das ist eine Anmeldung des Namens *Horch* in der Slowakei – am 27. November 1941.

Mit der Rüstungsproduktion bei der Auto Union war also die Verwendung, Entwicklung oder gar Neuschaffung von Warenzeichen bis zum Kriegsende eingefroren. Die Zeichen standen auf Ende.

Dieses gelb-rote Signet mit dem Blitz über den Vier Ringen galt für die Produkte der KFZ-Elektrik, die im Auto Union-Werk Rößlerstr. in Chemnitz hergestellt wurden. In der hier abgebildeten Form handelte es sich um ein Abzeichen, dessen obere Hälfte mit fluoreszierender Farbe beschichtet war. In der Kriegszeit der Verdunkelung sollte es als optisches Kennzeichen für die Mitarbeiter dienen.

14 Vgl. *Kieselbach, Technik der Eleganz*, S. 131 ff.

15 Vgl. *Mitteilung Patentabteilung vom 22.1.1936*. Quelle: *SächsStAC, Auto Union AG*, Nr. 2931.

16 Der Warenname wurde bei NSU für Fahrräder verwendet.

17 Quelle*: Handschriftliches Warenzeichenbuch der Auto Union. Lfd. Nr. 168.*

18 Vgl. hierzu die ausführlichen Darlegungen bei *Kirchberg; Die Patententwicklung in der Geschichte der Automobilindustrie 1877–1938* in: *Rudolf Boch (Hrsg.): Patentschutz und Innovation in Geschichte und Gegenwart. Studien zur Technik-, Wirtschafts- und Sozialgeschichte*, Bd. 11. Frankfurt am Main 1999, S. 101 ff.

19 Vgl. Brief *Patentabteilung an Dr. Hahn u.a. Betr. Internationale Markenanmeldung A 28 174 Vier Ringe und Blitzzeichen »Auto Union« vom 24. November 1939*. Quelle: *SächsStAC, Auto Union AG, Nr. 2930.*

20 Vgl. *Linz, Markenzeichen*, S. 81.

21 Die Historie dieses handschriftlich geführten Markenzeichen-Registers ist nicht genau rekonstruierbar. Als Quelle wurde hier eine Fotokopie aus dem Archiv von Peter Kirchberg, Ingolstadt, genutzt.

10. Die Auto Union nach 1945

Die Erben im Osten: SAW und IFA

Das – nach wie vor weiß-grüne – kombinierte IFA/DKW-Zeichen der ersten Nachkriegsjahre.

Am 6. Mai 1945 tagte der Vorstand der AUTO UNION AG mit den engsten Mitarbeitern zum letzten Mal in Chemnitz. Einen Tag später verließen sie ihre bisherige Wirkungsstätte in Richtung Westen, Norden und Süden.

Mit Wirkung vom 12. Juli 1945 war Deutschland in vier Besatzungszonen geteilt. Sonderkommissionen der Sowjetischen Militäradministration in Deutschland (SMAD) durchstreiften das Land der Ostzone und legten die Fabriken fest, deren Einrichtungen und Materialbestände zur Demontage als Reparationsleistung an die Sowjetunion vorgesehen waren. Darunter fielen alle Werke der Auto Union. Rohstoffe und Halbfertigfabrikate sind in die sog. Trophäenlager der Besatzungsmacht überführt worden, die daraus für ihre Aufträge entsprechende Freigaben verfügte. Verbleiben durften lediglich defekte und schrottreife Maschinen.

Damit sind anfangs sehr bescheidene, später immer umfangreichere Reparatur- und Instandsetzungsleistungen an vom Krieg hinterlassenen Fahrzeugen vollbracht worden.

Am 1. November 1945 gründete die Regierung des Landes Sachsen das Sächsische Aufbau Werk GmbH (SAW).[1]

Dahin wurden alle nach der Demontage »noch vorhandenen und von der Besatzungsmacht freigegebenen Betriebsanlagen der Auto Union AG zuzüglich der verbliebenen Produktionsmittel und Vorräte zum Zweck der wirtschaftlichen Nutzbarmachung« überführt. In den nächsten Monaten folgten alle Tochter- und Teilwerke der Auto Union in den SAW-Verbund, soweit sie auf dem SBZ-Territorium lagen.

Das SAW war Nutzer, aber nicht Eigentümer der Einrichtungen, Fabrikationsrechte und Warenzeichen. Letztere musste die Auto Union AG ihr kostenlos zugestehen, ihr verblieb damit nur noch das formale Eigentum. Das SAW war auch nicht Rechtsnachfolger der Auto Union,

sondern Ausdruck des Versuches, damit das Auto Union-Potenzial trotz der sowjetischen Liquidationsentscheidungen zu retten.

Die Auto Union war von der Sowjetischen Besatzungsmacht als äußerst belasteter Rüstungsbetrieb eingestuft worden und unterlag daher ausschließlich der Zwangsverwaltung durch die SMAD.

Im Mai 1948 wurden der schon seit zwei Jahren bestehenden Industrieverwaltung Fahrzeugbau auf dem Gebiet der SBZ alle verstaatlichten Zulieferer und Finalproduzenten im Automobilbereich angeschlossen und die zonenweit agierende Vereinigung Volkseigener Fahrzeugbau IFA (Industrieverwaltung, später Industrievereinigung Fahrzeugbau) gebildet. Das SAW gab es nun nicht mehr.

Die Auto Union AG wurde kurz darauf, am 18. August 1948 im Handelsregister gelöscht; sie war ohnehin nur noch Hülle und Schatten einstiger Größe und ausschließlich mit ihrer eigenen Liquidierung beschäftigt.

Hinter dem Neubeginn der Fahrzeugproduktion an den alten Standorten der Auto Union standen immer auch die althergebrachten Warenzeichen. Das galt vor allem für die Standorte in Zschopau und Zwickau. DKW war aus dem völlig demontierten und zur Sprengung vorbereiteten Werk ausgewichen nach der wenige Kilometer entfernten Fabrik in Wilischthal. Dort wurden u.a. Schrotmühlen, Handwagen und Kochtöpfe hergestellt – natürlich ohne das DKW-Zeichen.

Auch Motorräder sind vereinzelt wieder gebaut worden. Als erstes davon entstand die L 60, die einen Versuch darstellte, den Auflagen des Potsdamer Abkommens gerecht zu werden. Dort war die Herstellung von Motorrädern lediglich mit einem Hubraum von 60 ccm zugelassen, und um trotzdem eine ansprechende Leistung zu erzielen,

Die DKW L 60 war die erste Nachkriegskonstruktion eines DKW-Motorrades. Deutlich erkennbar ist die rechtwinklig nach vorn angeordnete Ladepumpe am Kurbelgehäuse und das alte DKW-Markenzeichen (links oben).

Die IFA-DKW RT 125/0 trug das DKW-Emblem am Tank, das durch den IFA-Rhombus überdeckt wurde (1951) (rechts oben).

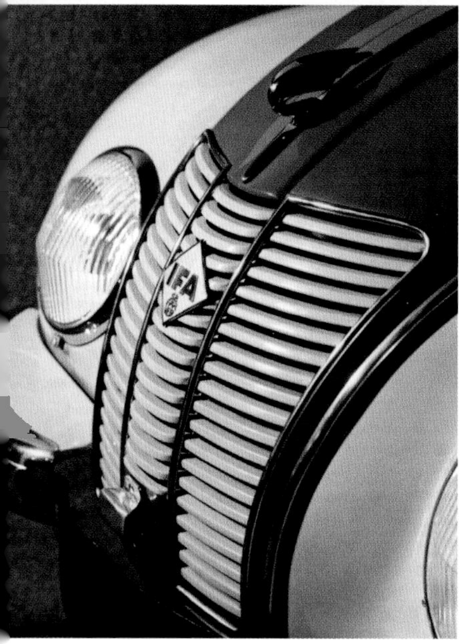

Ein interessanter Vergleich: Der Prototyp des DKW F9 besaß 1939 einen verschließbaren Motorhaubengriff und als Galionsfigur das geflügelte DKW-Emblem. Sein F9-Nachfolger trug über 10 Jahre später zum gleichen Zweck die geflügelte Weltkugel und nunmehr den IFA-Rhombus vorm Kühler. Auch der Griff war ein anderer geworden.

fügten die Zschopauer Techniker, aus ihren – gerade diesbezüglich reichen – Erfahrungen schöpfend, eine Ladepumpe hinzu. Dieses Motorrad – gezeigt auf der Leipziger Frühjahrsmesse 1948 – blieb ein Prototyp und trug das alte DKW-Zeichen, allerdings ohne die Vier Ringe. Übrigens war die Entwicklungs- und Versuchsabteilung nach Cunewalde in der Lausitz ausgewichen, wo mehrere Prototypen entstanden.[2]

Die ersten nach der Freigabe der Produktion am 5. September 1949 wieder in Zschopau produzierten Motorräder zeigten den DKW-Wappenschild ohne die bekrönenden Ringe, dafür mit offenkundig separat aufgesetztem IFA-Rhombus.[3] In gewisser Weise bemerkenswert war die Verwendung des Rhombus mit der gleichen Schriftart, wie sie einst von der Auto Union für DKW vorgegeben worden ist. Einer DDR-Ministeriumsweisung vom 1. Oktober 1951 folgend durfte von da an der Begriff DKW nicht mehr verwendet werden. Er war durch IFA zu ersetzen.[4] Es war ein Zeichen der tiefen Verbundenheit der Zschopauer DKW-Mitarbeiter mit ihrer Marke DKW, dass dieser Beschluss sehr zögernd befolgt und erst Ende des folgenden Jahres durchgesetzt wurde. Auch dann verwendete man zwar nicht mehr die drei Buchstaben DKW, aber sehr wohl das vertraute weiß-grüne Wappenzeichen, kombiniert mit dem IFA-Rhombus.

Erst ab Januar 1956 wurde auch dieses Signet an den Fahrzeugen durch das MZ-Zeichen abgelöst.[5]

Das DKW-Wappenschild konnte sich aber nach der Wiedervereinigung über eine Reinkarnation freuen. In einem Brief an den Vorstandsvorsitzenden der *AUDI AG* Ferdinand Piëch hatte der Geschäftsführer der *MZ GmbH* Eberhard Bredel bereits am 16. Mai 1991 um Überlassung des nicht mehr verwendeten DKW-Warenzeichens gebeten.[6] Dieser Bitte ist auch entsprochen worden, und so verwendet die *MuZ Motorrad- und Zweiradwerk GmbH* die Grundform des alten weiß-grünen Zeichens bis heute, inzwischen wieder ohne das eingefügte kleine »u«.

Mit der Serienfertigung (1950) des DKW F 9 im Audiwerk – von Anfang an mit dem dafür vorgesehenen Dreizylindermotor – fand sich an diesen Autos wieder das alte DKW-Zeichen. Bei der Präsentation 1948 hatte man noch das DKW-Emblem auf der Motorhaube, im Heck war es sogar noch mit den Auto Union-Ringen gekrönt. Selbst Anfang 1950 war das DKW-Zeichen zumindest noch auf der Fronthaube üblich.[7] Anstelle dieses Zeichens ist später das IFA-Emblem angeordnet worden. Als Galionsfigur diente im Gegensatz zum Prototyp von 1939 kein geflügeltes DKW-Zeichen mehr, sondern eine geflügelte Weltkugel.[8]

Damit war man, dem Verwendungsverbot für das DKW-Zeichen folgend, auf ein scheinbar neutrales Symbol ausgewichen. Gerade damit folgte man aber auch einem – am gleichen Ort und möglicherweise von den gleichen Leuten geschaffenen – Vorkriegs-Leitbild, das schon beim Horch 930 S verwendet worden war. Auch am ersten Kunststoffauto der DDR, das 1953 im Forschungs- und Entwicklungswerk (FEW) in Karl-Marx-Stadt bzw. Chemnitz entstand, brachte man vorn als Haubengriff die geflügelte Weltkugel an.[9] Übergreifend über Jahrzehnte mit darin eingeschlossener Unternehmenszerstörung und tiefgehendem Wandel der gesellschaftlichen Verhältnisse blieb die geflügelte Weltkugel ein selbst gewähltes Zeichen für die Identität im südwestsächsischen Automobilbau.

Auch in der Gestaltung des Audi Zeichens spielte die Weltkugel schon seit vielen Jahren eine bedeutende Rolle. Als 1955 der im ehemaligen Audiwerk entwickelte P 70 in Serie ging, trug er ein (Weltkugel-) rundes Zeichen mit den Buchstaben A, W und Z (für Automobilwerk Zwickau) in ein Eichenblatt eingeschrieben – immerhin ein geradezu nationales Symbol für Deutschland. Dazu gesellte sich wie vor Jahrzehnten am Audi erneut das Zwickauer Stadtwappen. Am

Am Bug des Prototypen eines Kleinwagens mit Kunststoffkarosserie, der im Forschungs- und Entwicklungswerk Chemnitz in den Jahren 1952/53 entwickelt worden ist, war deutlich wieder die geflügelte Weltkugel erkennbar.

1 Vgl. hierzu sehr ausführlich: *Kukowski, Martin: Die Chemnitzer Auto Union AG und die »Demokratisierung« der Wirtschaft in der Sowjetischen Besatzungszone von 1945–1948*, Ingolstadt 2002.

2 Vgl. hierzu *Kirchberg, Plaste, Blech und Planwirtschaft a.a.O.*, S. 106 ff.

3 Siehe *Meinig, Motorradmuseum im Schloss Augustusburg*, Abb. S. 96.

4 Vgl. *Kunze/Steiner, Motorräder aus Zschopau*, S. 49 sowie den Sammelband *Von 0 auf 100. Hundert Jahre Autoland Sachsen*, S. 134.

5 Vgl. *Kunze/Steiner, Motorräder aus Zschopau*, S. 55.

6 Brief des Vorsitzenden der Geschäftsführung der Motorradwerke Zschopau GmbH an den Vorsitzenden des Vorstandes der AUDI AG vom 16. Mai 1991. Quelle: Archiv AUDI AG.

7 Vgl. *Kirchberg, Plaste, Blech und Planwirtschaft*, Abb. S. 75.

8 Siehe *Wille, PS auf allen Straßen* Abb. S. 264 und IFA F 9-Werbung von 1952 im Automobilmuseum August Horch Zwickau.

9 Vgl. *Kirchberg, Plaste, Blech und Planwirtschaft*, S.153.

Der IFA-Kleinwagenentwurf zeigte gleich drei Signets: die geflügelte Weltkugel auf der Motorhaube ohne praktische Funktion, nur als Galionsfigur; darunter das AWZ-Logo der vorgesehenen Fertigungsstätte und links seitlich den IFA-Rhombus im Kreis.

1. Mai 1958 wurden die beiden Zwickauer Automobilwerke Audi und Horch vereinigt und hießen nun VEB Sachsenring Automobilwerke Zwickau (SAZ). Die Firma mit dem in einen Ring eingeschriebenen S[10] – auch als Schikane auf der gleichnamigen Rennstrecke bei Hohenstein-Ernsttal zu interpretieren – fertigte kurz darauf den P 50, der unter Einfluss der ersten sowjetischen Weltraumerfolge als Typenbezeichnung den Namen *Trabant* erhielt. Weder das Audi- noch das Horch-Zeichen wurden seitdem mehr verwendet, allerdings blieb die Horch-Krone als Warenzeichen angemeldet.

Den Horch-Insignien blieb man im seit Januar 1946 als *Sächsische Aufbauwerke GmbH, Werk Horch* und ab Ende 1947 als *Industrieverwaltung Fahrzeugbau, Werk Horch*[11] bezeichneten Werk besonders verbunden. Die für die sowjetischen Generäle bis 1948 gebauten PKW vom Vorkriegstyp 930 S erhielten die geflügelte Weltkugel ebenso wie – in variierter Form – der Horch Prototyp 920 S von 1950.[12] Das Werk

Nicht mehr längs gezogen, sondern rund präsentierte sich das AWZ-Logo später am P 70 (1955).

nannte sich ab September 1948 *IFA – Vereinigte Volkseigene Fahrzeugwerke, Werk Horch* und ab 1952 *Kraftfahrzeugwerk Horch VEB*, im Folgejahr wurde noch die Bezeichnung *VEB* vorangestellt. Das gekrönte »H« war an allen Fahrzeugen jener Jahre zu finden, auch an den seit 1954 gebauten P 240. Obwohl das am 30. Juni 1954 der DDR-Regierung in Berlin vorgestellte Musterexemplar dieses Oberklasse-PKW keine geflügelte Weltkugel besaß, wurde dieses Teil später doch an die Fahrzeuge montiert. Die Innengestaltung des Wagens hatte Günther Mickwausch übernommen[13], der damit auch für das Zwickauer Stadtwappen auf dem Lenkrad verantwortlich war. Auf den zur Leipziger Messe 1956 präsentierten Ausstellungsfahrzeugen wurde ein Zeichen montiert, das noch rudimentär an die Weltkugel erinnerte. Die Horch-Krone ist bis 1957 – dann schon gleichzeitig mit dem Schriftzug Sachsenring auf dem vorderen Kotflügel – angebracht worden. Letzten Endes zwängte man noch deutlich nachlässig die neue Eigentumsform

Nach der Bildung des VEB Sachsenring Zwickau aus der Zusammenfassung der ehemaligen Horch- und Audiwerke schrieb die Werkleitung einen Wettbewerb für ein neues Logo aus. Dies war der siegreiche Entwurf: das S im Kreis.

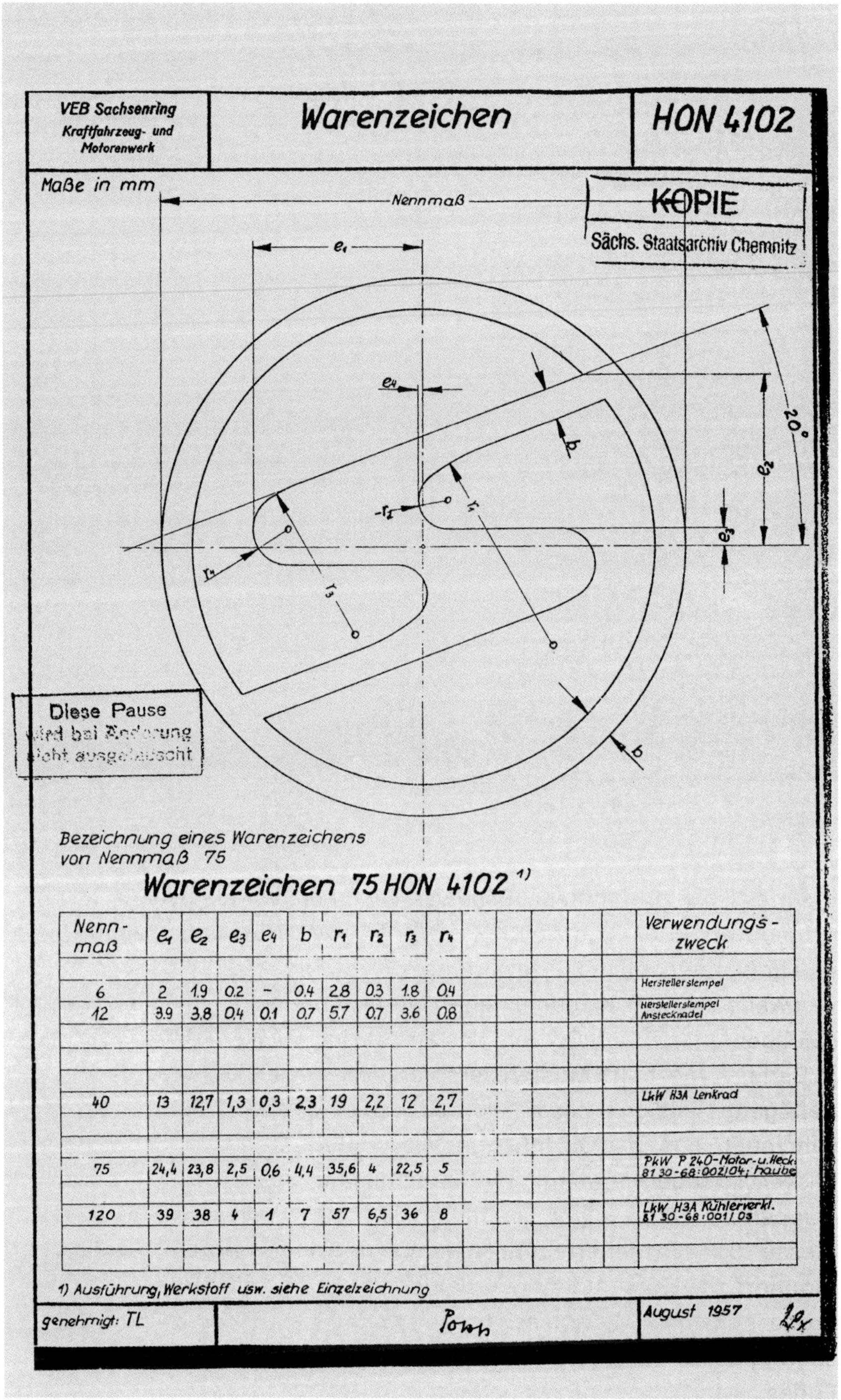

VEB Sachsenring Kraftfahrzeug- und Motorenwerk | Warenzeichen | HON 4102

KOPIE
Sächs. Staatsarchiv Chemnitz

Maße in mm

Bezeichnung eines Warenzeichens von Nennmaß 75

Warenzeichen 75 HON 4102 1)

Nennmaß	e1	e2	e3	e4	b	r1	r2	r3	r4	Verwendungszweck
6	2	1.9	0.2	–	0.4	2.8	0.3	1.8	0.4	Herstellerstempel
12	3.9	3.8	0.4	0.1	0.7	5.7	0.7	3.6	0.8	Herstellerstempel Ansteckknadel
40	13	12,7	1,3	0,3	2,3	19	2,2	12	2,7	LkW H3A Lenkrad
75	24,4	23,8	2,5	0,6	4,4	35,6	4	22,5	5	PkW P 240-Motor-u. Heckhaube 81 30-68:002/04;
120	39	38	4	1	7	57	6,5	36	8	LkW H3A Kühlerverkl. 81 30-68:001/03

1) Ausführung, Werkstoff usw. siehe Einzelzeichnung

genehmigt: TL | Porsch | August 1957

in das Zeichen. Unter das Wort Horch setzte man die Buchstaben *VEB*. Aber auch damit ließ sich das alte Horch-Zeichen nicht retten, das immerhin nach 1945 noch über dreizehn Jahre Verwendung gefunden hatte – mit Ausnahme eines Ingolstädter Wagens für Dr. Bruhn, jedoch ausschließlich im Osten Deutschlands.

Außerdem sind anfangs aus dem alten Auto Union-Warenzeichenbestand auch die Vier Ringe verwendet worden. Auf der ersten Leipziger Frühjahrsmesse nach dem Krieg im Jahre 1948 präsentierte sich der sächsische Fahrzeugbau auf einem besonderen Stand, der über den neuen Begriff »Volkseigene Betriebe Sachsens« von der Industrieverwaltung Fahrzeugbau als Spitzenblickfang die nach allen Seiten glänzenden Vier Ringe zeigte.

Ausgestellt waren die PKW F8 und F9 sowie die LKW H 3A (eine Horch-Entwicklung), Phänomen 1500 (Zittau) und der bereits beschriebene Motorradprototyp L 60. Auch das Werk Chemnitz der Auto Union (Ersatzteillager, Kundendienst- und Berufsausbildungszentrum, Moto-

Am bekanntesten von allen Horch-Epigonen wurde der P 240 »Sachsenring«, der anfangs die geflügelte Weltkugel und das gekrönte H auf der Motorhaube trug. Erst in der letzten Ausführung wurden diese durch die Sachsenring-Zeichen ersetzt.

Das ausschweifend gestaltete AWZ- (Automobilwerke Zwickau) Logo war am Trabant-Prototyp unversehens etwas groß geraten (oben links).

Besonders hervorgehoben wurden die Horch-Insignien am Horch 930 S, der in ganz geringen Stückzahlen nach dem Krieg für die sowjetische Generalität hergestellt worden ist (oben Mitte).

Zu den ersten Neuentwicklungen der Nachkriegszeit in Chemnitz zählte dieser Typ 920, der die geflügelte Weltkugel als Motorhaubengriff trug, darunter das IFA-Symbol (oben rechts).

renfertigung) zeigte ab 1946 als SAW-Werk das Sachsenwappen und die Vier Ringe. Sogar die Industrieverwaltung 19 Fahrzeugbau führte in ihren Briefbögen 1947 noch die Vier Ringe der Auto Union.

Parallel zur Verdrängung der alten Symbole ist im DDR-Wirtschaftsbereich der IFA-Begriff immer stärker durchgesetzt worden. Dies war auch eine Folge des gezielten Kampfes der noch bzw. wieder in der Bundesrepublik Deutschland ansässigen Firmen, die sich das ausschließliche Anwendungsrecht ihrer eingetragenen Zeichen selbst sichern wollten. In diesem Zusammenhang war u.a. auch die Verwandlung von BMW zu EMW (Eisenacher Motorenwerke), später AWE (Automobilwerke Eisenach) in Eisenach, von Fichtel & Sachs in Reichenbach zu RENAK (Reichenbacher Naben- und Kupplungsbau) symptomatisch.

Nachdem die Deutsche Wirtschaftskommission (DWK) in der Sowjetischen Zone bereits im April 1949 die Kennzeichnungspflicht für alle industriellen Erzeugnisse angeordnet hatte, mussten Produkte bei Herkunft aus einem Volkseigenen Betrieb (VEB) zwingend als VEB-Produkt gekennzeichnet werden. Beim Export ihrer Fahrzeuge merkten aber die Betriebe bald, dass gerade von dieser und der zusätzlichen IFA-Bezeichnung keineswegs nur positives Image ausging. Qualitäts- und Fertigungsmängel waren immer bekannter und auch publiziert worden. So nahm es nicht Wunder, wenn dieses Signet immer häufiger in

den Hintergrund trat oder auch völlig verschwand, weil Importeure, Händler, Hersteller und selbst der DDR-Exportbetrieb es für geschäftsschädigend hielten. Erst seit Mitte der 60er-Jahre hat sich das auf entsprechend massiv ausgeübten staatlichen Druck hin geändert. Von der Auferstehung alter und noch immer weltweit bekannter Warenzeichen und Symbole für die Fahrzeuge des südwestsächsischen Automobilbaus war nun aber erst recht keine Rede mehr.

10 Das Sachsenring-Emblem stammt von dem Berliner Grafiker Herbert Prüget.

11 Diese und die folgenden Bezeichnungen des Horch-Werkes sind *Kirchberg, Horch – Prestige und Perfektion*, S. 223 entnommen.

12 Siehe *Pönisch, 100 Jahre Horch-Automobile*, Abb. S. 198.

13 Vgl. *Kirchberg, Horch – Prestige und Perfektion*, S. 222.

Die letzte Veränderung an der Horch-Krone: Der Zusatz VEB stand für Volkseigener Betrieb (Mitte).

Das AWZ-Logo in den 50er-Jahren bis zur Gründung des VEB Sachsenring (unten).

Der Exodus nach Ingolstadt

Nach Errichtung eines neuen Fertigungs- und Vorstandsgebäudes der Auto Union 1959 leuchteten ursprünglich nur die Vier Ringe weit ins Land. 1962 kamen die Schriftzüge Auto Union und DKW hinzu (rechte Seite).

Angesichts der nach der Demontage aller AUTO UNION-Werke in Zwickau und Zschopau äußerst ungewissen Zukunft berieten Bruhn und Hahn in der Filiale München mit einigen ihrer ehemaligen Mitarbeitern die nächsten Schritte, um die AUTO UNION wieder auf die Räder zu bekommen.

Das nahe gelegene Ingolstadt bot sehr günstige Standortvoraussetzungen für eine große Lagerhaltung und eine neu aufzuziehende Fertigung. Die Bayerische Staatsbank war zu einem persönlichen Vertrauenskredit an Dr. Hahn und Dr. Bruhn bereit. Am 19. Dezember 1945 wurde der Vertrag über die Firmengründung »Zentraldepot für AUTO UNION Ersatzteile Ingolstadt GmbH« abgeschlossen. Domizil der Neugründung war die Schrannenstraße 3 in Ingolstadt. Am Ende des Jahres 1946 war dieses Depot das größte Ersatzteillager in Deutschland. Von Anfang an war klar, dass es sich dabei nur um einen Übergang handeln sollte, bis man wieder – wo auch immer – Fahrzeuge bauen konnte.

Nach der Währungsreform im Juni 1948 und der im August des gleichen Jahres erfolgten Liquidation des Chemnitzer Stammunternehmens mussten im Interesse der kommerziellen Seriosität, vor allem den Banken gegenüber, die Rechts- und Eigentumsverhältnisse geklärt werden. Nur ein von den vorherigen Bindungen unabhängiges Unternehmen würde im Fortbestand sicher sein. Unter Voraussetzung der Klärung dieser Verhältnisse hatte die Bayerische Staatsbank einen Millionenkredit zugesagt.

Somit entstand am 3. September 1949, wieder in der Ingolstädter Schrannenstraße 3, die »neue« AUTO UNION GmbH mit einem Stammkapital von 3 Mio. DM. Dr. Bruhn wurde Geschäftsführer, Dr. Carl Hahn sein Stellvertreter.[1]

1 *Das Rad der Zeit, 3. Aufl. 2000,* a.a.O., S. 151/152

DKW
IN-R 986

DKW ist wieder da!

Am DKW-Schnelllaster F89L prangte in der Mitte der Kühlerfront das DKW/Auto Union-Emblem (1950) (oben links).

Die RT 125 W war so neu nicht, als sie noch im Jahr 1949 lang ersehnt in Ingolstadt herauskam, und sie trug wie in Vorkriegszeiten das Auto Union/DKW-Emblem am Tank (oben Mitte).

Auch der Pkw der gleichen Marke trug dieses Zeichen als Galionsfigur (DKW F89P 1951) (oben rechts).

Im Oktober 1949 wurde in Ingolstadt die DKW Motorradproduktion wieder aufgenommen. Dabei wurde das unveränderte DKW-Zeichen der Auto Union verwendet, zunächst, wie in der Vorkriegszeit, als Abziehbild auf dem Seitenspiegel des Tanks, im Laufe des Jahres 1950 dann als emaillierte Plakette.[1] Die *Auto Union AG*, die als Rechtskörper in den westlichen Besatzungszonen unabhängig von den Geschehnissen in Sachsen weiterhin bestand, hatte am 3. September 1949 die meisten ihrer Warenzeichen der *Auto Union GmbH* übertragen[2], nachdem sie am 9. Juli 1949 das DKW-Zeichen mit den darüber befindlichen Vier Ringen als Bildmarke noch auf sich hatte registrieren lassen. Bei der Verwendung des DKW-Zeichens störte der Umzug aus dem weiß-grünen Sachsen ins weiß-blaue Bayern nicht. Der damalige stellvertretende Vorsitzende der Geschäftsführung der *Auto Union GmbH* Carl Hahn[3] erinnerte sich: *Im Frühjahr 1949, zur Technischen Messe in Hannover ... zeigten wir ... eine RT 125 ccm. Dieses Motorrad stammte gar nicht aus unserer neuen Produktion, wir hatten ja alles verloren, wir hatten ja keine Zeichnungen, keine Pläne; wir haben mit Vermittlung eines DKW-Händlers in Regensburg eine RT-Maschine aus*

der Vorkriegsproduktion zurückgekauft und auseinander genommen, die Maße festgehalten, neu zusammengebaut, gut aufgemacht und in Hannover wieder gezeigt, präsentiert, um damit zu sagen: DKW ist wieder da![4]

Die Auto Union in Ingolstadt hatte nicht nur alle Konstruktionsunterlagen, sondern natürlich auch alle Akten über die Warenzeichenanmeldungen verloren. Nach einer 1948 vom Reichspatentamt in Berlin abgeforderten Auflistung von Warenzeichen der Auto Union AG ist Mitte 1949 beschlossen worden, welche Marken weiterhin geschützt und welche Marken fallen gelassen werden sollten.[5] Die Entscheidung zur Löschung war vor allem finanziell motiviert, da die knappen Finanzmittel in der Anfangszeit wohl überlegt eingesetzt werden mussten. So konnten einige Marken verlängert werden – wenngleich auch nicht in allen Ländern. Das hat im Übrigen dazu geführt, dass einige Marken der Auto Union dort von Dritten angemeldet wurden und später ein Export unter diesen Namen dorthin unmöglich war. So konnte die Auto Union GmbH z.B. ihre Produkte unter dem Namen DKW nicht nach Finnland exportieren. Dies führte dazu, dass die Auto Union am 14. März 1952 mehrere Warenzeichenanmeldungen mit den Namen »Donau« und »Donau-Wagen« tätigte. Das dazugehörige Bildzeichen zeigte ein in Anlehnung an das DKW-Zeichen entworfenes

1 Den Ausführungen in diesem Kapitel liegen zahlreiche Hinweise von Thomas Erdmann zugrunde.

2 Vgl. *Notiz Dr. H. Ulmer an den Vorstandsvorsitzenden der Audi NSU Auto Union AG, Dr. Habbel,* vom 17. August 1977. Archiv AUDI AG.

3 Dr. Carl Hahn (1894–1961) trat bereits 1922 den Zschopauer Motorenwerken J. S. Rasmussen bei. Sein stetiges Engagement trug ihm den Ehren-Namen »DKW-Hahn« ein. Vgl. *AUDI AG, Das Rad der Zeit,* S. 92.

4 Aus: *Rede von Herrn Dr. Carl Hahn anlässlich des AUTO UNION-Fachpresse-Empfanges am 9. September 1953.* Archiv AUDI AG.

5 Vgl. u.a. *Entwurf Gutachten in Sachen Firmenname »Auto Union«* vom 26. Januar 1977. Quelle: Archiv AUDI AG. Angefügt ist dort die Kopie der Liste mit den entsprechenden Bemerkungen zur Aufrechterhaltung oder Löschung.

Donau über den Vier Ringen – eine Verlegenheitslösung der Nachkriegsjahre (oben).

Das 3 = 6-Zeichen gab es erstmals am DKW F91 im Jahre 1953, als die Auto Union vom Zwei- zum Dreizylindermotor überging (Mitte).

Auch die Vorkriegsbezeichnung der »Sonderklasse« kam wieder zu Ehren (unten).

Wappenschild mit dem Wort Donau im oberen Teil, darunter die Vier Ringe und ein großes »D« in einem grün ausgelegten, nach unten gerichteten Pfeil. Der Name Donau wurde darüber hinaus in den 60er-Jahren auch für die im jugoslawischen Novo Mesto von der Firma IMV in Lizenz gebauten DKW-Lieferwagen verwendet.

Die ersten von der Auto Union GmbH in Ingolstadt ab 1949 produzierten Fahrzeuge waren der Transporter F 89 L und das Motorrad RT 125 W, wobei das »W« für »West« stand, um das kleine Motorrad aus Ingolstadt von dem Schwestermodell aus Zschopau zu unterscheiden. Sowohl bei dem Lieferwagen als auch bei dem Motorrad sorgte das DKW-Zeichen in Kombination mit den Auto Union Ringen für Wiedererkennung. Der Unterschied bei den Markenzeichen lag in der Platzierung der Vier Ringe: Bei den Motorrädern waren diese oberhalb des DKW-Zeichens angebracht, beim Schnelllaster saß das DKW-Zeichen mittig oberhalb der Auto Union-Ringe. Diese Art der Kombination von Marken- und Firmenzeichen hatte es als Entwurf bereits vor dem Krieg für die Automobile der Marken Audi, DKW, Horch und Wanderer gegeben.

Als 1950 der in Düsseldorf produzierte PKW F 89 P hinzukam, verzichtete man bei den Prototypen zunächst auf ein Emblem mit den angefügten Ringen – übrigens auch schon auf den Zeichnungen.[6] In der Serie erhielten dann aber auch die in Düsseldorf gebauten Personenwagen beginnend vom F 89 P (1950 – 1954) über die 3=6 Typenreihe F 91 (1953 – 1955) bis hin zu den DKW-Typen F 93 und F 94 (1955 – 1959) das Vier-Ringe-Emblem mit dem aufgestellten DKW-Wappen auf der Motorhaube. Die DKW-Typenreihen mit dem Dreizylinder-Zweitaktmotor führten als Hinweis auf diesen Motor ein 3=6-Emblem sowohl auf der Kofferraumhaube als auch an der linken Kotflügelschürze. Dieses Zahlenspiel sollte darauf hindeuten, dass ein Dreizylinder-Zweitaktmotor aufgrund der doppelten Anzahl von Arbeitstakten die gleiche Leistungscharakteristik wie ein Sechszylinder-Viertaktmotor besaß. Die Idee zu diesem Zahlenspiel stammte ursprünglich aus dem Jahr 1930, als die Zschopauer Motorenwerke einen DKW-Personenwagen mit Vierzylinder-Zweitaktmotor als Typ 4=8 auf den Markt gebracht hatten. Die DKW 3=6-Typen erhielten zwischen 1953 und 1957 die Zusatzbezeichnung »Sonderklasse«, analog zu einem Modell aus der Vorkriegszeit. In stilisierter Schreibschrift wurde diese Bezeichnung ab 1953 auf dem rechten vorderen Kotflügel platziert. Typenkennzeichen in stilisierter Schreibschrift sollten von da an bei vielen Nachfolgegenerationen der DKW-Automobile Verwendung finden. Das traf im Übrigen auch auf den DKW Hobby Roller und das Moped DKW-Hummel zu.

Von hinten waren sowohl der Schnelllaster als auch die DKW Personenwagen als Auto Union-Produkt durch das Vier-Ringe-Zeichen mit dem Auto Union-Balken gekennzeichnet. Dieses ähnelte den vor dem Krieg an den Kühlern der Fahrzeuge befindlichen Firmenzeichen. Auch die Zweiräder trugen ein solches Emblem in verkleinerter Form auf dem hinteren Kotflügel.

Bei einigen Prototypen und Designstudien wurden die beiden Zeichen auch getrennt verwendet. Beispielsweise sind die Vier Ringe ganz besonders an einer Studie hervorgehoben worden. Am so genannten »Moppel« (1954) war der Lufteinlass in der Front in Form von überdimensionierten Auto Union-Ringen gestaltet.

Eine Sonderstellung nahm der ab 1956 gebaute Typ *Monza* ein. Er war eigentlich kein Auto Union-Produkt, sondern eine Sonderanfertigung unter Verwendung von originalen DKW-Baugruppen. Die Kunststoffkarosserie stammte von einer Stuttgarter Firma, montiert wurden die Wagen in Stuttgart bzw. zeitweilig in Heidelberg. An diesem Sportwagen fand sich die Typbezeichnung in der traditionellen Schreibschrift einerseits am Heck und bei der letzten Ausführung ab 1958 in moderner, kubischen Formen huldigender Technikschrift andererseits auf der Frontpartie.

Mit dem Jahr 1958 wurde die Ingolstädter Auto Union GmbH von der Daimler-Benz AG übernommen. Damit verbunden war die Forderung der neuen Eigentümerin, eine Reihe von Warenzeichen wie *Audi*, *Horch* und *Wanderer* nicht mehr zu benutzen.[7]

Von nun an verstärkte sich die bereits zuvor erkennbare Tendenz, auf die Vier Ringe mit dem Balken und der Inschrift Auto Union zugunsten der Vier Ringe in Alleinstellung zu verzichten. So zeigt ein Farbentwurf für den Lieferwagen vom 17. Januar 1956 deutlich die Suche nach Warenzeichen in der Geschichte (Audi 1 und DKW) und der Zukunft mit der grafischen Abwandlung der Vier Ringe zur Zahl 1000 und dementsprechend zur Wortmarke Tausend.

Während alle bisherigen DKW-Modelle aus Düsseldorf vorn auf der Motorhaube das klassische weiß-grüne DKW-Emblem über den Vier Ringen präsentierten, änderte sich dies mit den auf der IAA in Frankfurt im Herbst 1957 vorgestellten Auto Union 1000-Modellen. Mit diesem neuen Topmodell in der DKW-Modellpalette wurde erstmals der Name Auto Union auch als Produktbezeichnung für Serienfahrzeuge

Der charakteristische Schriftzug am DKW-Motorroller Hobby war vorn am Spritzschutz zu finden (oben).

Der Entwurf des DKW-Kleinwagens Moppel mit dem riesigen, über die gesamte Kühlerbreite angeordneten Vier Ringe-Logo (Mitte).

Der Monza-Schriftzug auf dem Heck des Fahrzeuges, das nicht zum Auto Union-Serienprogramm gehörte (unten).

Die Vier Ringe am Auto Union 1000 S waren 1960 in der Wagenfarbe unterlegt.

eingeführt. Der nunmehr als Auto Union 1000 bezeichnete Wagen zeigte an gleicher Stelle seinen Namen in stilisierter Schreibschrift und darunter, mittig auf dem Kühlergrill, prangten die Vier Ringe auf einer verchromten Querspange. Auf dem Kofferraumdeckel waren ebenfalls die Vier Ringe, jetzt ohne Auto Union Balken, angebracht. Auf der rechten Seite schräg versetzt gab das Wortzeichen »1000«, ebenfalls in stilisierter Schreibschrift ausgeführt, Auskunft über den neuen Wagentyp und den auf 1000 ccm Hubraum vergrößerten Motor. Die Initialen DKW kamen nicht mehr vor. Die Absicht wurde nicht geleugnet: Man wollte von dem mit DKW assoziierten Kleinwagen-Image weg. Der Versuch, sich vom Namen DKW zu trennen, ist jedoch zu keiner Zeit mit letzter Konsequenz verfolgt worden. Parallel zum Auto Union 1000 ist mit fast identischer Karosserie weiterhin auch der DKW 3=6 mit dem 900 ccm-Motor gebaut worden.

Als dann 1959 im neu errichteten Werk in Ingolstadt ein moderner und völlig neu konstruierter Kleinwagen vom Band lief, griff man wieder auf den Produktnamen DKW zurück. Während im gleichen Jahr der DKW 3=6 aus dem Typenprogramm verschwand, setzte der DKW Junior 750 die alte Tradition fort, einschließlich des vom DKW 3=6 übernommenen weiß-grünen DKW-Vier-Ringe-Zeichens auf der Motorhaube.

Eines aber war gemeinsam mit dem DKW 3=6 verschwunden: das Vier-Ringe-Zeichen mit dem Schriftbalken Auto Union auf der Heckklappe. Von 1959 an wurden die Vier Ringe nur noch in Alleinstellung verwendet, was dann in der Folge ab 1960/61 auch den gesamten Unternehmensauftritt einschließlich der Händler betraf. Vom Zweitaktmotor jedoch gedachte man sich zu dem Zeitpunkt noch nicht zu trennen.

Die beiden Produktionsstandorte Ingolstadt und Düsseldorf verrieten sich bei den Personenwagen auch an den Lenkrädern. Während der DKW F 12 und seine Nachfolger aus Ingolstädter Fertigung den mindestens seit 1340 (vermutlich aber noch früher) als Stadtwappen verwendeten Panther[8] in der Lenkradmitte zeigten, hatten der Auto Union 1000 aus dem Werk Düsseldorf und auch noch der Junior dort ein Wappen mit einem Löwen, der einen Anker in den Tatzen hält. Dieses Zeichen wird als Stadtwappen seit dem 16. Jahrhundert verwendet, der Löwe ist aber schon seit der Verleihung des Stadtrechts 1288 das Düsseldorfer Wappentier.[9] Ganz in der Tradition des Hauses Audi mit den verschiedenen sächsischen Stadtwappen ab Ende der 20er-Jahre griff man hier also erneut auf lokale Zeichen zurück und

Rechte Seite

① Der DKW Junior 750 (1959 – 1962) trug als letzter das DKW-Auto-Union auf der Motorhaube.

② Der große DKW F 93 mit dem 3=6-Schriftzug (Modelljahr 1956).

③ Die Vier Ringe ohne jeden Zusatz prangten vor dem Kühler des DKW F 12 Roadster (1964)

④ Prominenz im DKW 3=6 F 93, der besonders elegant als Coupé wirkte, mehrte schon den Glanz der Marke (1957).

⑤ Markantes Heck mit typischem Schriftzug am 1000 Sp (ab 1961).

WAN-R 626

Der grosse DKW 3=6
ab DM 5295,–
H45-2187
②

DKW F 12

K-R 222

D
IN-YA 2
⑤

Nachdem die Fertigung sich auf das neue Werk am Standort Ingolstadt konzentrierte, trugen die Autos, beginnend mit dem Typ F12, den Ingolstädter Panther als Verzierung auf der Lenksäule (1962) (links).

Die Lenksäule der Auto Union 1000-Modelle zierte das Düsseldorfer Wappen (rechts).

band somit Produkt und die Geschichte des Herstellungsortes visuell neu ein.

Mit Einführung des DKW Junior de Luxe im Jahr 1961 verschwand dann auch endgültig das weiß-grüne DKW-Zeichen auf der Motorhaube. Dort befand sich jetzt der in stilisierter Schreibschrift ausgeführte »DKW Junior«-Schriftzug, der beim Vorgängermodell Junior 750 bereits auf der Kofferraumklappe Verwendung gefunden hatte. In der Mitte des Kühlergrills war nunmehr, wie bei den Auto Union 1000-Typen, das Vier Ringe-Zeichen, selbstverständlich ohne Balken, angebracht.

Eine besonders interessant gestaltete Typenkennzeichnung trug der von 1958 bis 1965 gebaute Sport-Zweisitzer Auto Union 1000 Sp am Heck. Während die Zahl »1000« in schräggestellter Ausführung eine streng kubische Formensprache widerspiegelte, waren die mit der Zahl verbundenen Buchstaben »Sp«, was im Übrigen für »Spezial« stand, in weit ausschweifender Linienführung, einer Signatur gleich, ausgeführt.

Ab 1963, mit der Markteinführung des Junior-Nachfolgers DKW F 12, erfolgte eine Änderung der Formensprache in der Typenkennzeichnung. Nach wie vor befanden sich die Vier Ringe auf dem Kühlergrill und auf der Heckklappe. Auf der Motorhaube und am Heckabschlussblech war jetzt der Schriftzug »F 12« zu finden. Getrennt durch einen Spiegelstrich waren links oben in kursiver, fetter Grotesk-Schrift die Buchstaben DKW, unten rechts die Typenbezeichnung »F 12« angebracht. In gleicher Ausführung erschien Ende 1963 das Typzeichen des DKW F 11, eine Sparversion des F 12.

Während bei den DKW-Typen Junior de Luxe, F 12 und F 11 der Name Auto Union am Fahrzeug erst einmal nicht auftauchte, änderte sich dies 1964 mit Erscheinen des DKW F 102. In einer für die 60er-Jahre typischen Schrift trug das letzte DKW-Modell der Firmengeschichte den Namen Auto Union auf der Motorhaube. In verkleinerter Ausführung wurden nun auch die Modelle F 11 und F 12 mit einem solchen Auto Union-Schriftzug versehen. Die Heckgestaltung des DKW F 102 wies in der Mitte der Kofferraumklappe das Vier Ringe-Emblem auf, während links der Schriftzug »DKW F 102« montiert war. Dieser war ähnlich ausgeführt wie der des DKW F 12, allerdings waren die Buchstaben und Ziffern jetzt nicht mehr kursiv gesetzt.

Mit dem DKW F 102 endete 1966 die Produktgeschichte der Marke DKW, sieht man einmal ab von den noch bis 1969 für die Bundeswehr gebauten DKW-Munga-Geländewagen. 1965 war die Auto Union GmbH von der Volkswagenwerk AG übernommen worden. Noch im gleichen Jahr war mit dem ersten Viertaktmodell der Auto Union nach dem Krieg eine alte Marke wieder auferstanden: Audi. Ein neues Kapitel in der Unternehmensgeschichte und damit auch in der Geschichte der Warenzeichen wurde aufgeschlagen.

Einfach und schmucklos geriet die Typenbezeichnung des DKW F102 am Heck des nunmehr letzten DKW, den es bis jetzt gab (links).

An der Frontpartie des gleichen Wagens zeigte sich die Auto Union in Wort und Symbol ohne den DKW-Bezug (rechts).

6 Vgl. Zeichnung vom 29. Juni 1949; Abb. in *Kieselbach, Technik der Eleganz,* S. 150 f.

7 Vgl. *Notiz Dr. H. Ulmer an Dr. Habbel* vom 17. August 1977. Quelle: Archiv AUDI AG.

8 Vgl. *Klemens Stadler, Deutsche Wappen.* Band 1-8. Bremen 1964–1971.

9 Vgl. *Rolf Nagel, Rheinisches Wappenbuch.* Köln 1986.

11. Die Auferstehung der Marke Audi

Der Schriftzug am ersten Audi von 1965 (oben).

Deutlich auseinander gezogen und im modernen Outfit die Beschriftung nun am Audi 100 von 1968 (unten).

Ende 1964 erwarb der Volkswagen-Konzern zunächst die Hälfte, kurz darauf fast alle Anteile der Auto Union von Daimler-Benz. Der Mann an der VW-Spitze, Heinrich Nordhoff, setzte sofort das Ende des Zweitaktmotors im Ingolstädter Automobilbau durch: Im September 1965 präsentierte er den ersten Viertakter in der Nachkriegstypengeschichte des nunmehr bayerischen Unternehmens. Sein Markenname: Audi. Dessen Wiederverwendung für die Produkte der Auto Union lag vor allem die Absicht zugrunde, unter die mit dem Zweitakt-Prinzip verbundene DKW-Geschichte einen Schlussstrich zu ziehen.[1] Der Begriff *DKW* stand damit aber nicht mehr für technische Innovation, sondern eher für ein im Automobilbau überwundenes Prinzip.

Die Suche nach dem Namen für ein neues Auto aus Ingolstadt hatte schon zu Zeiten begonnen, als das Unternehmen noch zum Daimler-Benz-Konzern gehörte. Schon damals wollte man den am Serienstart stehenden DKW F 102 mit dem bei Mercedes entwickelten sog. Mitteldruckmotor ausstatten und begann Anfang des Jahres 1964 mit der Namenssuche. Durch den Wechsel zum Volkswagenkonzern zog sich die Entscheidung bis zum Serienbeginn im September 1965 hin. Die ursprünglich noch von Daimler-Benz vorgesehene Bezeichnung 170 S als eine bei Mercedes typische Kategorisierung nach Hubraumgröße wurde vom Technischen Direktor Ludwig Kraus verworfen.[2] Stattdessen hatte man zunächst – wieder dem *genius loci* huldigend – den Markenbegriff *Donau* ins Auge gefasst. Da in Finnland und Jugoslawien die Warenzeichen der Auto Union durch Dritte geschützt und damit blockiert waren, hatte man die Schnelllaster ohnehin schon geraume Zeit in diesen Ländern unter dem Namen Donau vermarktet.[3] Dann hatte man sich aber – vielleicht auch aus recht pragmatischen bis banalen Gründen – doch auf die Traditionslinien besonnen. Das Unternehmen verfügte ohnehin noch über die Rechte an der alten Marke Audi, und außerdem sah man den Gleichklang dieses Markennamens mit dem Gattungsbegriff Auto als bedeutenden phonetischen Vorzug an. Vom

Namen Wanderer hielt man sich fern, da man einerseits noch die Rechtsstreitigkeiten aus den Dreißigern kannte und andererseits die ebenfalls nach Bayern umgezogenen Wanderer-Werke den Namen Wanderer wieder für Automobile angemeldet hatten.[4] Den Namen Horch konnte man nicht nutzen, da dieser von Daimler-Benz nicht – wie alle anderen Auto Union Dokumente – an den neuen Eigner VW veräußert, sondern zurückbehalten worden und durch Eintragung entsprechend geschützt war. Letztlich entschied man sich daher für den Namen Audi als Produktbezeichnung.

Für die Schriftgestaltung des zunächst nur am Wagenheck angebrachten neuen Audi Zeichens ist wohl LUDWIG KRAUS zuständig gewesen. Er äußerte später: *Ich habe mich nicht um den Namen gekümmert, weil ich so viele Sorgen mit der Technik hatte. Was hinten auf der Karosserie drauf stand, war mir egal. Das Aussehen des Schriftzuges, das habe ich bestimmt.*[5] Die neue Schrift orientierte sich am Vorbild des 1919 angemeldeten Audi Zeichens.

Das Signet wurde von Anfang an am Heck und am rechten Kotflügel seitlich angebracht. Trotz des interessanten Bezugs auf die Unternehmenstradition befriedigte die grafische Ausführung nicht so recht. Mit dem Modelljahr 1971, also ab August 1970 einsetzend, ist daher der Schriftzug feiner ausgeführt und auch auseinander gezogen worden. Zum Vergleich bietet sich hier der vom Grafiker ERICH STRENGER entworfene extrem breite Porsche-Schriftzug an, der aber wohl schon 1950 existierte.[6]

Weitere Details erscheinen für die Geschichte der Markenzeichen interessant: Erstens wurden bei einigen Exemplaren der ersten Audi Fahrzeuge in Ingolstadt Teile von Daimler-Benz verbaut. Natürlich waren diese mit dem Stern gekennzeichnet.[7] Zweitens wurden in der Anfangszeit Anzeigen in den Printmedien mit der wohl einmaligen Kombination von Mercedes-Stern, den Vier Ringen und dem VW-Logo geschaltet. Drittens: Die Bezeichnung PASSAT ist erstmals von Audi Union, und zwar im Februar 1965, geschützt worden!

Eine Zäsur in der Geschichte der Warenzeichen stellt die Änderung des Warenzeichengesetzes am 4. September 1967 dar: Seit diesem Tag wird ein Warenzeichen, das fünf Jahre lang nicht benutzt wird, für interessierte Dritte frei. Das bedeutete, dass allein das Anmelden von Warenzeichen keinen Schutz mehr bot. Es musste auch tatsächlich angewendet werden. Dieser Benutzungszwang machte die Strategie der Unternehmen, historische Warenzeichen allein durch Anmeldung auf Eis zu legen, völlig nichtig.[8]

1 Andere Unternehmen wie beispielsweise Saab vollzogen den Technikwechsel fast zeitgleich, allerdings ohne den Namen zu verändern.

2 Vgl. *Etzold / Rother / Erdmann, Im Zeichen der Vier Ringe 1945–1968,* S. 335.

3 Dieser und andere wichtige Hinweise zu diesem Kapitel sind Thomas Erdmann zu danken.

4 Vgl. *Kieselbach, Technik der Eleganz,* S. 219.

5 Vgl. *Etzold / Rother / Erdmann, Im Zeichen der Vier Ringe 1945–1968,* S. 224.

6 Vgl. Carrera Nr. 9. Die Datierung bezieht sich auf die Tatsache, dass schon die ersten Porsche-Fahrzeuge diesen Schriftzug trugen.

7 Vgl. *Sonderdruck aus »Classic and Sportcar« Deutsche Bearbeitung L. Franz,* S. 21. Quelle: Archiv AUDI AG.

8 Warenzeichengesetz in BGBl. 1968 I, S. 29

12. Die Fusion

1 Diesem Kapitel liegen ein Text von Markus Trunzer und zahlreiche Hinweise von Ralph Plagmann, beide Neckarsulm, zugrunde.

Als »Hauptversammlung des Jahres« bezeichnete die Presse die Hauptversammlung der NSU Motorenwerke AG am 26. April 1969.[1] Der VW-Konzern hatte auf der Suche nach bereits profilierten zusätzlichen Fertigungskapazitäten Ende der 60er-Jahre die Aktienmehrheit der Neckarsulmer NSU AG erworben und betrieb nun deren Fusion mit der Auto Union GmbH.

Die drei Initialen NSU verkörperten nicht nur die ruhmreiche Geschichte eines der neuerungsfreudigsten deutschen Kraftfahrzeugherstellers, sondern sie standen auch für eine sehr typische Evolution vom Textilmaschinenbau des 19. Jahrhunderts über die Herstellung von Fahr- und Motorrädern bis zur Automobilproduktion. Ähnliche Entwicklungen hatten in Deutschland auch Adler und Wanderer durchlaufen. Nach mehr als 12 Stunden heftiger Diskussion stimmten die Aktionäre der geplanten Verschmelzung rückwirkend zum 1. Januar 1969 zu.

Dieser Beschluss war die Geburtsstunde der AUDI AG in ihrer heutigen Form. Der rechtliche Mantel der NSU Motorenwerke AG wurde beibehalten und durch Namensänderung zur AUDI NSU AUTO UNION AG erweitert, die ihren Sitz zunächst in Neckarsulm hatte und von ihrer Gründung an eine nahezu 100-prozentige VW-Tochtergesellschaft war.

Mit der Integration des Neckarsulmer Standortes in den Konzern gingen auch die mit der Marke NSU verbundenen und bis 1873 zurückreichenden Traditionen als verpflichtendes und maßstabbildendes Erbe in den Wertebestand des neuen Unternehmens ein.

Ein Blick zurück soll diese Geschichte ins Gedächtnis rufen.

Der Ursprung der Marke NSU

Im Jahr 1873 hatten Christian Schmidt und Heinrich Stoll in Riedlingen an der Donau eine Strickmaschinen-Manufaktur übernommen und 1873 eine eigene Firma unter der Bezeichnung »Mechanische Werkstätte zur Herstellung von Strickmaschinen« gegründet. Während Stoll bereits 1876 wieder eigene Wege ging, zog Schmidt 1880 mit der Firma nach Neckarsulm.

1884 wurde sie in die Neckarsulmer Strickmaschinen Fabrik AG umgewandelt. Deren Leitung übernahm Schmidt-Schwager Gottlob Banzhaf.

Im Jahr 1886 nahm NSU die Produktion von Hochrädern auf. Im patriotischen Zeitgeist wurden sie »Germania« genannt. Hochräder erwiesen sich aber aufgrund des schlechten allgemeinen Straßenzustandes und daraus folgender häufiger Stürze als ein relativ gefährliches Verkehrsmittel. Abhilfe sollte schon 1886 ein Dreirad namens »Merkur« schaffen. Der Trend ging aber hin zum so genannten »Sicherheits-Fahrrad« oder »Niederrad«. Mit dem Neckarsulmer Modell der Marke »Pfeil« hatte Banzhaf den Nerv der Zeit getroffen. Die Nachfrage entwickelte sich rasant und wurde mit immer neuen Varianten befriedigt. Oft gab man diesen Namen aus dem Tierreich wie »Gazelle«, »Känguruh« oder »Antilope« mit auf den Weg.

Die Premiummarke der Firma blieb aber bis in die 30er-Jahre das Modell »Pfeil«. Die Bezeichnung verkörperte beispielhaft den Wunsch

Der Schriftzug Neckarsulm an den NSU-Motorrädern der Frühzeit (oben links).

Eine ebenfalls sehr frühe Markenbezeichnung an den motorisierten Zweirädern aus Neckarsulm (oben rechts).

Das NSU im Hirschhorn.

nach müheloser und schneller Fortbewegung am Anfang des vergangenen Jahrhunderts.

Die Eigenwerbung umschrieb dieses Produkt als »hochfeine Räder für den anspruchsvollen Käufer«.

Der Vertrieb der Fahrräder erfolgte zunächst weiterhin unter dem Firmennamen »Neckarsulmer Strickmaschinen Fabrik«, allerdings mit dem Zusatz »Abteilung Fahrräder«.

Wer es sich leisten konnte, wollte in dieser Zeit Fahrrad fahren, was den Absatz der Fahrräder und Fahrradkomponenten kräftig anheizte.

Stricken war offensichtlich weit weniger beliebt, sodass 1892 die Strickmaschinenproduktion aufgrund des stagnierenden Absatzes eingestellt wurde.

Der Firmenname wurde dementsprechend in »Neckarsulmer Fahrradwerke Aktiengesellschaft« umgewandelt (24. September 1897).

Mittlerweile hatte sich die Firma einen internationalen Ruf erworben. Was fehlte, war eine einprägsame Marke, die weltweit einsetzbar den Qualitätsanspruch der Neckarsulmer unterstreichen sollte.

Ein gängiges Kürzel war schnell gefunden: Seit altersher wird der Ortsname des Firmensitzes mit den drei einfachen Buchstaben *N*eckar*SU*lm abgekürzt.

Um den Wiedererkennungswert der neuen Marke zu erhöhen, entlieh man sich vom Württembergischen Staatswappen ein Hirschhorn, in das die Buchstaben integriert wurden.

Ein Zeitzeuge berichtete, wie es dazu kam: *Zu damaliger Zeit waren gute Fahrradteile, also Pedale, Naben, Tretlager usw. sehr gesucht. Als besonders wertvoll galten die Fahrradteile der englischen Fabrik B.S.A. Diese Teile waren nicht nur sehr begehrt, schon die Buchstaben B.S.A. an sich bedeuteten das Zeichen für anerkannte Qualität und übten einen geradezu bestechenden Einfluss auf die Käufer aus. Was für eine goldene Uhr der Karatstempel, das war für Fahrradteile der Stempel B.S.A. Den rührigen Neckarsulmern ging dies auf die Nerven. Sie sagten sich nicht mit Unrecht: »Was die Engländer können, das können wir auch, denn unsere Fahrradteile sind zum mindesten ebensogut. Lasset uns auch ein solches Qualitätszeichen schaffen!«(...)*[1]

Die Bildmarke »NSU im Hirschhorn« wurde am 25.2.1897 unter Nr. 22389 in die Warenzeichenrolle eingetragen.

Sie fand bis ca. 1930 auch für Motorräder immer wieder Verwendung, wenn mittlerweile auch andere Bildmarken immer mehr in den Vordergrund traten. Hiervon wird aber noch zu berichten sein.

In stilisierter Form war das Hirschhorn bis 1963 auf Fahrradnaben zu finden.

In Neckarsulm entstand seit 1900 – zunächst auf der Basis von schweizerischen Zedelmotoren, ab 1903 von NSU-Eigenkonstruktionen – die erste größere Serienproduktion von Motorrädern in Deutschland und damit die erste Motorradfabrik überhaupt. Überraschenderweise wurde für die Motorräder zunächst nicht die eingetragene Marke NSU benutzt. Offenbar betrachtete man die Bildmarke »NSU im Hirschhorn« eher als Qualitätszeichen, mit dem nur Fahrzeugteile gestempelt wurden. Vielmehr schmückte den Tank der ersten Motorräder die Marke »Neckarsulmer Motorrad« oder schlicht der Ortsname »Neckarsulm«. Erst ab 1904 wurde auch die Abkürzung NSU, meist ohne das Hirschhorn aus der Bildmarke, für die Kennzeichnung von Motorrädern verwendet.

In der gesamten Markengeschichte der Firma NSU ist auffallend, wie sehr man stets den regionalen Bezug zum Firmensitz und zum Land Württemberg betont hat. Dieser von der Geschichte der anderen Marken schon bekannte Bezug auf die Herkunftsregion zeigte sich besonders bei NSU im Hirschhorn (Ortsname und Element des Württembergischen Staatswappens), Neckarsulm als Bezeichnung für Motorräder und bei Fahrzeugnamen wie Motosulm, Sulmobil, Neckar usw.

Nachdem die Firma zum Königlich Württembergischen Hoflieferanten erkoren wurde, ist fortan das Württembergische Staatswappen auf der gesamten Geschäftspost und Vertriebsliteratur abgebildet worden. Das Steuerkopfschild der Fahr- und Motorräder wurde flugs dahingehend umgestaltet, dass man dieses Wappen mit der Marke NSU kombinierte.

1906 begann die Produktion eigenständig entwickelter Automobile. Für alle produzierten Fahrzeugtypen, Fahrräder, Motorräder und Autos hatte sich mittlerweile das Kürzel NSU als Marke durchgesetzt. Allerdings fand keine einheitliche Bildmarke Verwendung. In den Zeiten des Aufbruchs scheint auch die Kreativität in Sachen Bildzeichen gewachsen zu sein.

1 Friedrich Herzog (Firmenchronist): aus einer Werkszeitschrift im Archiv der NSU GmbH, undatiert.

Die NSU-Rosette an NSU-Automobilen (oben).

Das NSU-Oval (unten).

Typografie und Ornamentik wechselten entsprechend dem jeweiligen Zeitgeist manchmal von Modell zu Modell. Insbesondere der Einfluss des Jugendstils war auch in den Bildmarken deutlich zu erkennen.

Zu Beginn der Automobilproduktion zierte die Kühler das bekannte Hirschhorn, das aber zunehmend Konkurrenz durch andere Zeichen bekam.

Die Vielgestaltigkeit lässt sich chronologisch kaum darstellen, sodass im Folgenden nur die wesentlichen Bildmarken kurz beleuchtet werden sollen:

Bei den Motorrädern fand sich um 1911–1914 ein reich ausgestattetes Zeichen, das gemeinhin als »NSU im Mistelkranz« bezeichnet wird.

Die oval eingefasste Marke, ein Merkmal, das beibehalten werden wird, war umgeben von einem Siegerkranz, der auf die Sporterfolge hindeuten sollte. Über allem erschien eine Krone, wiederum in Anklang auf das Haus Württemberg.

Gleichzeitig und neben dem Mistelkranz wurden für Motorräder aber auch die schlichten Buchstaben der Marke, getrennt durch einen Punkt, unterstrichen oder als geschwungener Schriftzug verwendet.

Zur selben Zeit entstand für Automobile die so genannte »Rosette«, bei der die Marke eine rein grafische Einfassung erhielt. Auch dieses Bild wurde in den unterschiedlichsten Abwandlungen und Farbgebungen verwendet.

Die erweiterte Produktpalette brachte für die Firma eine erneute Namensänderung in »Neckarsulmer Fahrzeugwerke AG« (10.2.1913) mit sich.

Die Firma hatte sich zu einem weltweit bekannten Unternehmen entwickelt. Ein Großteil der deutschen Motorradexporte wurde durch NSU bestritten, was mit Ausbruch des Ersten Weltkrieges natürlich ein jähes Ende finden sollte.

Produziert wurde jetzt für den Bedarf der Kriegsarmee, ergänzt um Lastkraftwagen und Waffen.

Entsprechend hießen die Marken jetzt »Heeresmodell« oder »Neckarsulmer Militärfahrrad«, die aber schnell einen ebenso guten Ruf genossen wie die Zivilmodelle.

Die ersten Konzentrationsbemühungen in der deutschen Fahrzeugindustrie endeten für NSU im finanziellen Desaster, das besonders mit dem Namen des Spekulanten Schapiro verbunden war. Trotz voller Auslastung aller Produktionskapazitäten musste die gerade neu erbaute Fertigungsstätte für Automobile in Heilbronn an die »Fabrica Italiana Automobile Torino« (FIAT) verkauft werden. Die Fiat-Warenzeichen aus den beiden ersten Dekaden des 20. Jahrhunderts waren beeindruckende, an Jugendstilornamenten reiche Bildzeichen. Zum Teil zeigten sie die aufgehende Sonne und spielten so mit dem lateinischen *fiat lux* (*es werde Licht*) aus der biblischen Schöpfungsgeschichte. Geblieben ist aus dieser Zeit die inzwischen oft variierte Schrift mit dem ebenfalls charakteristisch gestalteten »A«. Die Schrift wird nach Jahrzehnten der minimalistisch abstrahierten vier Buchstaben in Form von fünf Strichen seit 1999 erneut verwendet – im Ring, der als Lorbeer-, also Siegerkranz gestaltet ist.[2]

Seit dieser Zeit wurde und blieb Heilbronn Sitz der Deutschlandzentrale des Fiat-Konzerns.

Im Abtretungsvertrag willigte NSU ein, dass die Automobilproduktion durch Fiat unter dem Namen einer neu gegründeten »NSU Automobil AG Heilbronn« fortgesetzt werden durfte. NSU verzichtete außerdem darauf, künftig Automobile unter dem Namen NSU zu vertreiben. Diese Vereinbarung sollte Jahrzehnte später zu einem erbitterten Markenrechtsstreit führen.

Fiat setzte die Fertigung der NSU-Modelle für einige Jahre unter einem Emblem fort, das die Marke NSU in einem runden Lorbeerkranz zeigt. Dasselbe Design, nur mit dem eigenen Markennamen, benutzt Fiat zum Teil bis zum heutigen Tag weiter.

Abgeleitet war der »Lorbeerkranz« von den relativ schlichten Bildmarken, die sich Anfang der 20er-Jahre immer mehr durchgesetzt hatten. Die Marke wurde in einem einfachen Kreis oder Oval dargestellt, wobei Schrift und Farbgebung einem ständigen Wechsel unterworfen waren.

»NSU im Oval« oder »NSU im Rund« wurden für Motorräder in den Jahren 1930 bis 1932 fast ausschließlich verwendet. Ab und an fanden sich aber immer wieder auch das »Hirschhorn« und die »Rosette«.

2 Vgl. *Steiniger, Fiat,* S. 6.

Die unbezwingbare Vitalität der Marke NSU

Bereits im Jahre 1927 stand ein erneuter Wechsel in der Firmenbezeichnung an: Seit dem 16. März d. J. hieß sie NSU Vereinigte Fahrzeugwerke AG. Für den Motorradvertrieb gab es Überlegungen zu einer Verkaufsgemeinschaft mit Wanderer; nach ihrer Verwirklichung 1929 ist darauf im Firmenbriefkopf, in Anzeigen und Vertriebsschriften bis 1938 Bezug genommen worden. Im Jahre 1930 hatte man einen Teil der Motorradfertigung – mit allen Einrichtungen, Entwicklungs- und Konstruktionsunterlagen – des sächsischen Partner-Konkurrenten erworben.

Eine weitere Allianz ging NSU im Jahr 1932 mit der Deutschen Industriewerke AG in Berlin (D-Rad) ein. Dieser Zusammenschluss führte gleichzeitig zur Entwicklung des für die Marke NSU in den folgenden Jahrzehnten prägenden Zeichens. Aus dem schwarzen Oval mit den weißen Ziffern NSU und dem geflügelten Wappen der Firma D-Rad wurde ein gemeinsames Zeichen entwickelt, das bis in die heutige Zeit etwas despektierlich »Kaulquappe« genannt wird.

Dieses asymmetrische Zeichen enthielt im oberen Teil die Stilelemente der Marke NSU, im unteren Teil die Elemente der Marke D-Rad. Es wurde am 4. März 1936 als Warenzeichen angemeldet und fand bis 1938 Verwendung. Dann entfiel der Hinweis auf D-Rad und NSU erhält wieder die Alleinstellung.

Ab diesem Zeitpunkt wurde die »Kaulquappe« in Form und Farbgebung immer wieder leicht variiert, was aber dem Wiedererkennungswert aufgrund der charakteristischen Grundform keinen Abbruch tat.

Ab 1948 erhielt die »Kaulquappe« eine einheitlich hellblaue Farbgebung und einen durchgehenden Mittelstrich durch die weiße Schrift.

Unter dieser Marke konnte NSU die größten sportlichen und geschäftlichen Erfolge feiern.

Im Jahr 1955 war die Firma die größte Motorradfabrik der Welt.

NSU D für Motorräder nach der Vereinigung mit den Berliner D-Werken (links).

Die so genannte »Kaulquappe« (rechts).

Sofort nach Ende des Krieges war, zunächst im bescheidenen Rahmen und unter Verwendung geretteter Restbestände, die Zweiradproduktion wieder aufgenommen worden. Man begann mit nur leicht modifizierten Vorkriegsmodellen, wie zum Beispiel dem Motorfahrrad der Marke »Quick«.

Die erste Neuentwicklung nach dem Krieg konnte 1948 mit der NSU Fox vorgestellt werden. Der einsetzende Aufwärtstrend ermöglichte jetzt wieder Neuvorstellungen in schneller Folge: Konsul, Max, Lux usw. – Namen, die zum Teil heute noch einen guten Klang haben.

In dieser Phase des Neubeginns zeigte sich auch ein deutlich gewandeltes Markenbewusstsein. Bisher zeichnete sich die Markenpolitik dadurch aus, dass die Bildmarken scheinbar wahllos, je nach Zeitgeschmack, variiert worden sind. Jetzt wurde erstmals in der Markengeschichte die hellblaue »Kaulquappe« als einheitliche Bildmarke durchgängig verwendet.

Eine kleine Variation erhielten nur die Tankembleme der Motorräder, nachdem NSU Weltmeister und Weltrekordhalter geworden war. Die »Kaulquappe« wurde mit einem goldenen Lorbeerkranz versehen, der die Hochwertigkeit der Marke zusätzlich unterstreichen sollte.

Offenbar hatte man auch bei NSU erkannt, dass starke Marken einen bedeutenden Wettbewerbs- und Marketingvorteil bringen.

Herkunftszeichen an der NSU-Rennfox.

Durch den einheitlichen und durchgängigen Einsatz der Bildmarke entstand eine neue »corporate identity«, die Wirkung und Erscheinungsbild der Firma entscheidend prägte.

Die »Kaulquappe« ist noch heute Synonym für die große Motorradtradition des Standortes Neckarsulm.

Die allgemein veränderte Bedeutung der Marken zeigt sich aber auch daran, dass NSU jetzt große Sorgfalt auf die unverwechselbare Kennzeichnung jedes einzelnen Fahrzeugs legte.

Vor dem Krieg war es üblich, die Fahrzeuge rein mit einer Kombination technischer Daten zu beschreiben (z.B.: 201 ZDB = 200 ccm, 1 Zylinder, Zweitakt Blockmotor mit doppeltem Auspuff). Jetzt begann man, spezielle Marken zu entwickeln, die allein auf die Wirkung und Durchsetzungskraft bei der potenziellen Kundschaft ausgerichtet waren.

Bei jedem neuen Modell veranlasste die Werbeabteilung umfangreiche Untersuchungen, um einen passenden Namen zu finden, diesen schützen zu lassen und abzuprüfen, ob eine andere Firma eine entgegenstehende oder ähnliche Marke verwendete. Fox, Max, Lux usw. erhielten eigene, typische Schriftzüge, die ihrerseits wieder als Marke eingetragen waren.

Die Zahl der Eintragungen stieg rasch an, wobei in den 50er-Jahren erstmals auch Marken »auf Vorrat« eingetragen wurden, um sie bei späterem Bedarf gesichert verwenden zu können. Beispiele dafür waren »NSU Schwarm«, »NSU Maxima« usw.

Dabei hatte die Marke Maxima bereits einen realen Hintergrund. Mit diesem Namen sollte 1960 ein bereits fertig entwickelter Motorroller versehen werden, der aber der abflauenden Motorradkonjunktur zum Opfer fiel.

Die Vorgängermodelle hatten ab 1950 die Produktpalette als so genannte »Autoroller« bereichert. Am Beginn stand ein in Lizenz der italienischen Innocenti-Werke gebauter Roller der Marke »Lambretta«. Dieser wurde 1956 durch eine Neukonstruktion unter dem Namen »Prima« abgelöst.

An der Marke Prima zeigt sich auch beispielhaft, dass die gewandelte Bedeutung der Marken auch bei anderen Firmen ernst genommen wurde. Nach einem ersten Entwurf sollte der Schriftzug je nach Hubraum und Leistung des Modells um eine bestimmte Anzahl von Sternen ergänzt werden. Dieser Plan scheiterte am Einspruch von

Mercedes-Benz, wo man gegen alle konkurrierenden Sterne-Eintragungen vorging. Die Kennzeichnung erfolgte dann in Form römischer Ziffern.

Trotzdem spricht man bis heute bei den einzelnen Typen nur von einer »Prima Dreistern« oder »Prima Fünfstern« statt von »Prima III« oder »Prima V«. Hier hat sich eine Marke gehalten, obwohl sie in dieser Form gar keine dauernde Verwendung gefunden hatte.

Als sehr durchsetzungsstark erwies sich auch eine andere Zweiradmarke. 1953 brachte NSU ein Fahrzeug auf den Markt, das nicht nur von den Verkaufszahlen her, sondern auch durch seine Wirkung auf den Gesamtmarkt sehr erfolgreich war: die NSU Quickly.

Diese Marke wurde zum Synonym für eine ganze Fahrzeugklasse, die man heute mit »Mofa« umschreiben würde. Man fuhr auch dann »Quickly«, wenn es sich um ein motorisiertes Fahrrad einer ganz anderen Firma handelte.

Auch bei dieser Baureihe waren die einzelnen typischen Schriftzüge (Quickly TT, Quickly TTK, Cavallino usw.) als eigene Marken geschützt.

Die Markenpolitik änderte sich Anfang der 60er-Jahre grundlegend. Mittlerweile hatte der Niedergang des Motorradabsatzes vehement eingesetzt. Dem wollte man mit zeitgeistgerechtem Design entgegenwirken. Es scheint, als habe man mit der alten »Kaulquappe« auch ein Stück Ballast abwerfen wollen, der einen Neuanfang erschwert hätte.

So entstanden Marken wie »Cavallino«, die der beginnenden Reiselust zur italienischen Adria ihre Referenz erwies.

Die zugehörigen Bildmarken orientierten sich unter anderem an den neu gestalteten Marken für die wieder aufgenommene Automobilproduktion.

1965 fand eine lange Motorradtradition ihr Ende, als die letzte »Quick 50« in Neckarsulm vom Band lief.

Nachzutragen bleibt noch eine kurze Bemerkung zur Entwicklung bei den Fahrrädern. In diesem traditionsreichsten Bereich des Fahrzeugbaus wurde bereits 1936 die Fertigung der Opelwerke übernommen. Die bereits beschriebene Gestaltung des Steuerkopfschildes – Württembergisches Staatswappen in Verbindung mit dem Schriftzug NSU – wurde um das so genannte »Opel-Auge« ergänzt.

Prima hieß der »Autoroller« von NSU.

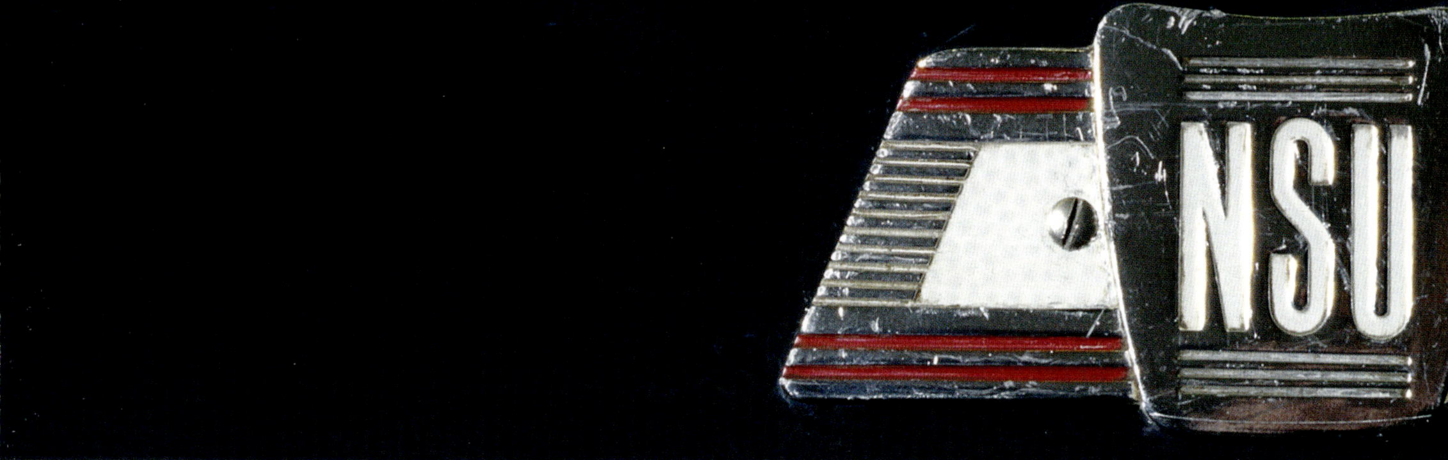

NSU Quick 50 (oben).

Die Kombination NSU/Opel wurde bis 1945 benutzt und verschwand nach dem Krieg gänzlich. Später war, wie bei allen anderen Fahrzeugen, das prägende Merkmal die »Kaulquappe«. Mit einem angehängten stilisierten Kometenschweif zierte sie die Schutzbleche.

Die Fahrradproduktion fand bereits 1963 ihr Ende, das aber nicht gleichzeitig das Ende der Fahrradmarke NSU bedeutete. NSU bzw. Audi vergaben eine Markenlizenz zunächst an die Fa. Heidemann in Einbeck und später an die »ZEG«, Köln, die noch heute NSU-Fahrräder nach modernsten Standards bauen lässt.

Im aufkeimenden Wirtschaftswunder wuchs der Wunsch, sich endlich »mit einem Dach über dem Kopf« fortzubewegen. Wer es sich leisten konnte, kaufte ein Auto, sodass der Zweiradboom langsam zu Ende ging.

Diese Entwicklung war auch für NSU Anlass, wieder über den Einstieg in die Automobilproduktion nachzudenken. 1958 war ein Kleinwagen fertig entwickelt, dem nur noch ein eingängiger und schlagkräftiger Name fehlte.

Bevor man aber an die Markenfindung für ein Fahrzeug gehen konnte, musste man zunächst ein schwieriges markenrechtliches Problem lösen.

Wie bereits beschrieben, hatte NSU Ende der 20er-Jahre mit dem Verkauf der Heilbronner Automobilproduktion an Fiat auch auf die Benutzung der Marke NSU für Automobile verzichtet.

Seit 1952 verwendeten die »NSU Automobil AG Heilbronn«, Tochtergesellschaft von Fiat, die zusammengesetzte Marke »NSU-Fiat« wieder für die Produktion von Autos.

Den Neckarsulmern war außerdem schon lange ein Dorn im Auge, dass die Namensähnlichkeit – seit 1938 lautete die offizielle Firma »NSU Werke AG« – zu ständigen Verwechslungen führte.

Schließlich war man wieder wer! Der Name NSU hatte nach den großen Erfolgen der vergangenen Jahre einen guten Klang.

Fiat hatte in jüngster Zeit seine Bildmarke dahingehend verändert, dass die Lettern NSU eindeutig in den Vordergrund getreten waren. Relativ klein erschienen im Logo auf einem Querbalken der Ort Heilbronn und der Zusatz »Lizenz Fiat«. Früher waren in der Bildmarke durch einen Querstrich getrennt die Namen Fiat und NSU gleichberechtigt zu finden, sodass eine Verwechslung mit der Neckarsulmer Marke nicht zu befürchten war.

Die Neckarsulmer vermuteten, dass hinter dieser Änderung eine rechtswidrige Ausnutzung des eigenen guten Namens stand.

Außerdem wollten beide Firmen etwa zur gleichen Zeit einen Kleinwagen mit ca. 400–500 ccm herausbringen. Die Sorge der Verwechslungsgefahr war auf beiden Seiten durchaus berechtigt.

Aus Neckarsulm wurde schließlich eine Klage mit dem Ziel eingereicht, Fiat die Benutzung der Marke NSU endgültig zu verbieten.

Fiat beantragte seinerseits im Zuge einer Widerklage, den Neckarsulmern zu verbieten, den geplanten Kleinwagen unter der Marke NSU zu vertreiben.

Nachdem NSU in zwei Instanzen gewonnen hatte, fand man in einem außergerichtlichen Vergleich schließlich doch noch eine gütliche Einigung. Gegen eine Ablösesumme verzichtete Fiat auf jegliche Benutzung der Marke NSU und benannte das Heilbronner Werk in »Neckar-Werke« um. Der Fahrzeugvertrieb durfte nur noch unter »Neckar« oder »NSU-Fiat« erfolgen.

Das Opel-Auge von 1924 erschien auch an NSU-Fahrrädern nach Übernahme dieser Fertigung aus Rüsselsheim.

Farbenpracht und Prägnanz am NSU Markenzeichen 1959.

Der Weg für die Wiederaufnahme der Automobilproduktion unter der Marke NSU war frei.

Aber welchen Namen sollte das neue Fahrzeug bekommen? Ursprünglich war ein dreirädriges Fahrzeug mit einem modifizierten Max-Motor geplant, und es lag nahe, das Gebilde »Max-Kabine« zu nennen.

Nach ersten Tests entschied man sich doch für ein vollwertiges Automobil. »Ebbes Rechts«, wie der schwäbische Volksmund attestierte, muss vier Räder haben.

Nach langen Überlegungen und noch längeren Listen an Vorschlägen verfiel die NSU-Werbeabteilung unter Arthur Westrup auf den Namen »Prinz«. Westrup beschreibt, dass der Prinz einerseits in der Adelshierarchie weit oben angesiedelt ist, andererseits der lange Vokal »i« den Namen gefällig machte.[1]

Leider musste man feststellen, dass diese Marke bereits von einer kleinen bayerischen Firma geschützt war, die sich aber gegen eine ordentliche Ablösesumme verkaufsbereit zeigte.

Die Neuorientierung sollte aber nicht nur in einem neuen Namen, sondern auch in einer entsprechenden Bildmarke zum Ausdruck kommen.

Es wurde ein neues Emblem in Wappenform geschaffen, das in der linken Hälfte drei der bereits bekannten Geweihstangen des Hauses Württemberg trug, in der rechten das Wappen der Deutschordensstadt Neckarsulm. Ein Querbalken enthielt die neue Marke »Prinz«.

Die neu erschaffene Bildmarke, im Volksmund bald auch »Bügeleisen« genannt, diente fortan nicht nur zur Kennzeichnung der Automobile, sondern wurde auch als Firmenzeichen verwendet. Firmendrucksachen zeigten weiterhin die »Kaulquappe«, der aber unter einem trennenden Querstrich das Bügeleisen hinzugefügt wurde.

Dieses »Bügeleisen« wurde später auch mit der Inschrift NSU als allgemeingültige Marke verwendet.

Mit der Ausweitung der Angebotspalette über die Baureihe Prinz hinaus wurde bereits 1963 erneut nach einer neuen einprägsamen Marke gesucht.

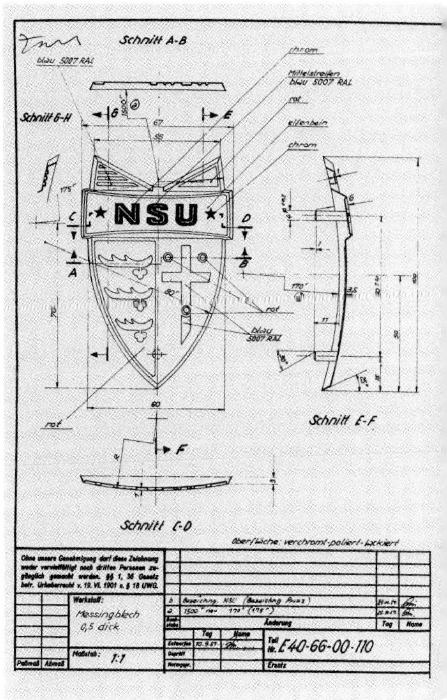

Die Zeichnung für das »Bügeleisen«.

1 *Arthur Westrup, Fahre Prinz und Du bist König, Delius Klasing, Bielefeld 1995.*

Am NSU Ro 80 kündete das schmucklose NSU im Quadrat von den letzten Tagen des Automobilbaus in Neckarsulm (oben).

Das Signet am NSU Spider deutete auf die technische Besonderheit dieses Autos hin: das erste Serienauto mit Kreiskolbenmotor (unten).

Im Gegensatz zum recht aufwändigen und ein wenig verspielten »Bügeleisen« wählte man diesmal ein recht schlichtes Zeichen, das so genannte »Quadrat«.

In einer quadratischen Grundform wird der weiße NSU-Schriftzug auf blauem Grund oben und unten von einem roten Balken begrenzt.

Farblich nur leicht verändert, fand dieses Emblem bis zum Auslaufen des letzten NSU-Modells, des Ro 80, im Jahre 1977 Verwendung.

Das Quadrat symbolisiert bei Kennern bis heute die Nachkriegsautomobile von NSU.

1963 wurde mit dem NSU-Spider das erste Auto der Welt mit Wankelmotor vorgestellt. Selbstverständlich musste für diese sensationelle Neuentwicklung auch eine neue Bildmarke geschaffen werden. Hierzu wurde der Firmenname in die unverkennbare Form eines Kreiskolbens eingefasst. Dieser wiederum war umgeben von drei umlaufenden Pfeilen, die die Drehbewegung (im Gegensatz zum Auf und Ab des Hubkolbenmotors) symbolisierten. Auch diese Bildmarke fand bis 1977 Verwendung.

Im Vorfeld der Vorstellung des Ro 80 im Jahr 1967 hatte NSU einige Anstrengungen unternommen, um der Neuentwicklung auch den passenden Namen zu geben.

Favorisiert wurde schließlich die Marke »Rotary«, die aber bereits für mehrere andere Firmen eingetragen war. Zudem befürchtete man Schwierigkeiten mit dem Rotarierverband.

Auch andere Vorschläge, wie z.B. »Delta«, wurden verworfen.

Schließlich entschied man sich für eine Wortschöpfung, die sich aus »Rotary« und der internen Entwicklungsnummer 80 zusammensetzte.

Das Fahrzeug wurde fast 10 Jahre lang ununterbrochen gebaut.

Nach der Fusion im Jahre 1969 wurde der Name »NSU Motorenwerke AG« in »AUDI NSU AUTO UNION AG« geändert.

Trotzdem wurden die von NSU in die vereinigte Firma eingebrachten Produkte weiterhin unter dieser Marke vertrieben.

Mit dem Auslaufen der einzelnen NSU-Fahrzeuge verlor aber auch die Marke zunehmend an Bedeutung. Audi ist seit 1977 alleinige Fahrzeugmarke des Unternehmens.

Mit der Bildung der AUDI AG 1985 ist die alte Marke NSU auch aus dem Firmennamen verschwunden, blieb aber weiterhin für die AUDI AG eingetragen. Schutz und Verwertung der Traditionsmarke wurde auf eine eigens gegründete Tochtergesellschaft, die NSU GmbH, übertragen, die diese Aufgabe als Teil der Abteilung AUDI Tradition heute noch wahrnimmt.

AUDI NSU

Das stille Ende des langen Namens

Die Namens-Komposition AUDI NSU AUTO UNION war der Versuch, möglichst allen Traditionslinien zu entsprechen. Der Name war ein Zungenbrecher, aber die Bemühungen um Korrektheit lassen sich aus dem Entwurf einer Werksmitteilung vom 31. Oktober 1978 ablesen. Dort heißt es:

Zur Gewährleistung einer einheitlichen Verwendung des Firmennamens ist künftig wie folgt zu verfahren:

1. AUDI NSU AUTO UNION Aktiengesellschaft

Die Bezeichnung »Aktiengesellschaft« ist Firmenbestandteil und muss deshalb dann ausgeschrieben werden, wenn die Bezeichnung der Firma angegeben wird, wie z. B. als Vertragspartner [...]

AUDI NSU AUTO UNION AG

Die Abkürzung »AG« ist zulässig im allgemeinen Geschäftsverkehr und insbesondere zu Werbezwecken [...]

AUDI

Die Bezeichnung Audi kann dann verwendet werden, wenn es sich um eine Abkürzung des Firmennamens handelt, und zwar unter folgenden Voraussetzungen:

– im internen Schriftverkehr

– im externen Schriftverkehr, wenn der gesamte Firmenname bereits erwähnt und die Abkürzung erläutert wurde (AUDI NSU AUTO UNION AG, künftig AUDI).[1]

Die Unhandlichkeit des Begriffes war also offenkundig schon bei seiner Geburt klar.

In Zusammenhang mit der Fusion von Auto Union und NSU entstand übrigens auch jener Markenslogan, der heute noch aktuell – und

Das Audi NSU-Logo verzichtete auf die Auto Union in der Markenbezeichnung und bezog sich ausschließlich auf die beiden Hauptproduktlinien.

Vorsprung durch Technik

Der Slogan *Vorsprung durch Technik* – hier in der Fassung der 80er-Jahre – wird seit dem Jahr 2000 nur noch in Kombination mit der Internetadresse www.audi.de, und natürlich mit dem aktuellen Logo, eingesetzt.

Auch im V.A.G-Logo gab es deutlich erkennbar die Punkte (unten).

auch geschützt – ist. Nach der Fusion war in ganzseitigen Vorstellungsanzeigen für das neue Unternehmen mit dem Leitthema »Alles unter einem Dach« deren progressive Technik zusammengestellt worden. Sie zeigten alles an Audi- und NSU-Technik, was jemals auf Straßen und Rennstrecken auf zwei, drei, vier oder mehreren Rädern gerollt war. Vom Audi Alpensieger bis zum Weltrekord-Liegesitzer von NSU, vom Auto Union-Silberpfeil bis zum Ro 80 mit Wankelmotor, vom Quickly bis zum Frontantrieb rollte die »Heerschar«. Daraus sollte ein für die Zukunft tragender Slogan entstehen, und der floss geradezu von selbst aus dem Kugelschreiber: Vorsprung durch Technik. Er erschien erstmals in einer Anzeige am 17. Januar 1971. Seitdem ist er fast in alle Weltsprachen übersetzt worden und hat den Weg von Audi markiert.[2]

Bis zum Beginn der 70er-Jahre hatte der Automobilabsatz in Deutschland einen konjunkturellen Aufschwung ohnegleichen erlebt, als im Herbst 1973 die Energiekrise den Horizont jäh verdunkelte. Die explosive Steigerung der Kraftstoffpreise und eine gleichzeitig rezessive Wirtschaftsentwicklung zwangen auch die Automobilindustrie zum Umdenken. Abgesehen von neuen technisch-konstruktiven Zielen strebte man jetzt vielmehr eine Kosten sparende Entwicklung an, die beim VW-Konzern beispielsweise den systematischen Austausch der Ergebnisse bei den Konzernmarken untereinander zum Ziel hatte. Wesentliches Einsparpotenzial sah man auch in struktureller Vereinfachung und Aufgabenkonzentration. Daher wurde der Gesamtvertrieb des Konzerns in Wolfsburg zusammengefasst. Er trat jetzt gegenüber dem Kunden als einheitlicher Partner auf und dafür war die neue Bezeichnung V.A.G gefunden worden, die seit Juli 1978 verwendet wurde. Die Punkte zwischen den Buchstaben mögen aus formalen Gesichtspunkten gesetzt worden sein. Sie ließen sowohl die Lesart als Volkswagen Audi Gesellschaft als auch diejenige als Volkswagen AG zu. Autorisiert war keine von beiden. Für diese Gesellschaft wurde eine eigene Schriftart, die *V.A.G-Rundschrift* entwickelt. Obwohl die *V.A.G* relativ schnell bekannt wurde, konnte sich die Bezeichnung gegen die etablierten Namen nie durchsetzen. 1991 entschied man sich daher bei Volkswagen, auf den Zusatz *Ihr V.A.G Partner* zu verzichten und stattdessen *Ihr Partner für Volkswagen und Audi* zu verwenden. Die V.A.G-Schrift wurde durch die Schrift Univers ersetzt.[3]

Die Namen NSU und Auto Union verschwanden am 1. Januar 1985 aus der Firmenbezeichnung. An diesem Tag wurde die *Audi NSU Auto Union AG* in *AUDI AG* umbenannt. Der Firmensitz wurde von Neckarsulm nach Ingolstadt verlegt. Gleichzeitig entstanden die Auto Union GmbH in Ingolstadt und die NSU GmbH in Neckarsulm als reine Traditionsgesellschaften, deren Aufgabe u.a. auch in der Wahrung und Pflege der Warenzeichen bestanden und bestehen.

Die Warenzeicheneintragungen auf die Audi NSU Auto Union AG konzentrierten sich vor allem auf das Erscheinungsbild der Marke im Firmenlogo, das so genannte Audi Oval, bald auch etwas flapsig bezeichnet als Audi Pflaume populär. Außerdem signalisierte der erteilte Schutz des quattro-Schriftzuges 1980 einen Epoche machenden technischen Fortschritt, der untrennbar mit Audi verbunden ist: den serienmäßigen permanenten Allradantrieb. Schließlich fiel in diese Zeit auch der 1976 eingetragene Begriff Avant für die Kombis von Audi – und er hat bis heute nichts von seiner Attraktivität und Aktualität eingebüßt.

Bemerkenswert erscheint darüber hinaus, dass gerade in jenen Jahren in umfassender Weise die alten Auto Union-Markenzeichen aus der Vorkriegszeit reaktiviert wurden. Dies betraf nicht nur die Vier Ringe in vielerlei Form, DKW und Horch, sondern auch die Audi »1« und sogar Wanderer. Letzeres erscheint insofern besonders bemerkenswert, da alle Eintragungen – Wanderer Automobile, Flügel-W, Wanderer – offenbar von dem noch existierenden namenstragenden Unternehmen unwidersprochen blieben.

1 Aus: *Mitteilung Entwurf Einheitliche Verwendung des Firmennamens* vom 31. Oktober 1978 (Waldner). Quelle: Archiv AUDI AG.

2 Bericht vom Werbeleiter der Audi NSU Auto Union AG vom 12.2.85 im Archiv der AUDI AG.

3 Vgl. *Interne Mitteilung Volkswagen Grundelemente Corporate Design* vom 8. Januar 1991. Quelle: Archiv AUDI AG.

13. Die AUDI AG und ihre Marke

Audi grüßt seine Gäste im Audi Forum Ingolstadt (rechte Seite).

Die Vier Ringe waren seit der Wiederbelebung der Marke Audi ständiger Begleiter des Namens.[1] So hatten alle Audi Wagen seit 1965 bis zur 1. Ausführung des Audi 100 C 2 (1978) die großen Vier Ringe mit den beiden verchromten Seitenleisten vor der Kühleröffnung. Danach entfielen die Leisten, und die Ringe wurden etwas kleiner ausgeführt. Der italienische Gestalter PININFARINA nahm in seiner Studie »Quarz quattro« 1981 das Zeichen auf und ließ es zu einem technisch nicht unbedingt sinnvollen, technologisch aufwändigen, aber einfach wunderschönen Detail verarbeiten. Das Auspuffendstück, sonst Domäne der Zulieferer, hätte ein klares »Branding« ergeben. An der Fahrzeugflanke plante der Designer einen runden Tankverschluss, der als einer der Vier Ringe zu verstehen war.

Anfang 1978 trat Audi mit einem neuen Zeichen auf. Es handelte sich dabei um ein Oval, in das der Bernhard-Schriftzug Audi eingetragen ist. Dabei ist die Schrift subtil verändert worden: Beim genaueren Hinsehen entdeckt man die nicht gleich bleibende Strichstärke. Der Entwurf war für Geschäftspapiere und Verpackungen vorgesehen und ausdrücklich nicht für Fahrzeugteile gedacht. Dort sollten die Vier Ringe eingesetzt werden.

Zu diesem Oval als neuem Firmensymbol wurde in einer Presseinformation mitgeteilt:[2] *Um unerwünschte Assoziationen mit Markensymbolen anderer Unternehmen (z.B. Ford) auszuschließen, wird darauf hingewiesen, dass unser neues Markensymbol grundsätzlich als »Audi Oval« bezeichnet wird. Der weiße Audi Schriftzug steht in einem »mahagonibraunen« Umfeld.* Das Oval kam dann für Fahrzeuge als Markenzeichen zusätzlich zu den Vier Ringen ab August 1982 beim Audi 100 der dritten Generation in die Scheuerleisten an den vorderen Kotflügeln. Parallel dazu trugen von da an auch die mit Flankenschutz ausgeliefer-

Audi

Das rote Audi Oval leuchtete über den Vier Ringen genau mittig über dem Kühllufteinlass des Audi Spider (1991).

ten Audi 80/90 Modelle (B 2) das Audi Oval auf der vorderen Türleiste. Zunächst war das Audi Zeichen in den Kunststoff der Seitenleisten eingedrückt. Ab August 1984, mit der Vorstellung des Modelljahres 1985, wurde bei allen Modellen eine ovale Plakette an den vorderen Kotflügeln montiert, beim Audi 200 mahagonibraun ausgelegt, bei den anderen Modellen silberfarben auf schwarzem Grund.

Mit dem Festhalten an dem von Lucian Bernhard geschaffenen Emblem hat Audi einerseits Traditionsbewusstsein bewiesen, andererseits die Gestalter vor eine schwer lösbare Aufgabe gestellt. Die Schriftart ist – wie bereits erwähnt – nur für die vier verwendeten Buchstaben überliefert. Die Kombination mit anderen Buchstaben ist also nur mit ästhetischen Kompromissen möglich.

Das Audi Oval war mit der Bildung der AUDI AG endgültig zum Unternehmenslogo geworden und wurde im Außenauftritt immer stärker hervorgehoben. Die ursprünglich mahagonibraune Farbgebung wandelte man im Juni 1990 in Rot, wobei sich an der Form nichts änderte. Parallel dazu wurden die Vier Ringe zur Kennzeichnung der Produkte ab Sommer 1987 (Modelljahr 1988) auch am Heck der Fahrzeuge angebracht, übrigens erstmals wieder seit Produktionsende des DKW F 102 im Jahre 1966. Das Kofferraumschloss der Audi 100 Limousine (C 3) musste zu diesem Zweck von der Mitte der Kofferraumhaube nach rechts unten verlegt werden.

Für die farbliche Neugestaltung hatte man sich entschieden, um den Wandel des Firmen- und Produkt-Images im Sinne »höherwertiger

Auspuffendstück, das Pininfarina 1981 an seiner Studie quattro quartz aus den Vier Ringen gestaltete (Mitte).

Völlig im klassischen Stil kennzeichnet Audi an seinen Typen A2 und A8 an der B-Säule die besondere Aluminium-Karosserie: AUDI SPACE FRAME/ASF (oben rechts).

Positionierung« auch angemessen zum Ausdruck zu bringen. Der Lokalbezug spielte keine Rolle mehr, es ging vielmehr um den Wechsel vom bodenständigen Braun zum emotionsbetonten Signalrot.

Seinen Höhepunkt fand das Bestreben, AUDI durch dieses Logo zu repräsentieren, im auf der IAA in Frankfurt 1991 gezeigten Audi quattro Spyder, der dieses Oval auf der Fronthaube mittig über dem Lufteinlass zeigte.

Anfang der 90er-Jahre führten neue Überlegungen im Konzern zur Veränderung der Struktur. Vor dem Hintergrund der sich daraus ableitenden größeren Selbstständigkeit der Marke Audi innerhalb des VW-Konzerns wollte man diese Erneuerung auch sinnfällig nach außen erkennen lassen. Sie musste sich auch und vor allem im Markenzeichen widerspiegeln. Auch das lange gebrauchte Oval fand immer mehr Kritiker, die vor allem seine Beliebigkeit und den fehlenden Bezug zum Produkt Automobil bemängelten.

Nachdem 1991 die Entscheidung zur Rückführung von Marketing und Vertrieb für Audi von Wolfsburg nach Ingolstadt gefallen war, setzten sofort die Überlegungen für ein künftiges Logo ein, das Unternehmensmarke (Audi Oval) und Produktmarke (Vier Ringe) zusammenführen sollte. 1992 beschloss der Audi Vorstand daher[3], *zunächst das Audi Logo als Unternehmenszeichen beizubehalten und parallel dazu die Vier Ringe als Stilelement am Produkt zu verwenden.*

Marktforschungen, die bereits seit 1991 zu diesen Aspekten vorgenommen worden sind, hatten eindeutig ergeben, dass die

Das zwischen 1976 und 1978 gebräuchliche Audi Logo war farblich nicht festgelegt, ähnelte aber gewissermaßen spiegelbildlich dem heutigen (oben).

Das mahagonibraune Audi Oval (Mitte). Um 1985 wurde die Hausfarbe auf braun (HKS 82 N bzw. HKS 82 K) festgelegt.

Die kurzzeitig um 1993 gebrauchten, nur schattierten Vier Ringe kennzeichnen das »Niemandsland« zwischen der Verabschiedung vom Audi Oval und der Wiederinthronisation der Vier Ringe (unten).

Vier Ringe auf allen Märkten mehrheitlich als das für Audi typische und daher bessere Logo empfunden wurden. In der Konsequenz daraus entschloss sich der Vorstand der AUDI AG 1994 zu einer Änderung des Erscheinungsbildes im Außenauftritt für das Folgejahr. Zugrunde lag die Erkenntnis, dass *sich die Vier Ringe auf dem Markt durchgesetzt haben.* Der Audi Vorstand hatte formuliert: *Die Vier Ringe haben als Logo eine unerreichte Eigenständigkeit unter den Fahrzeugmarken, ihre Symbolkraft ist ähnlich hoch wie beim Mercedces-Stern.*[4] Alle Maßnahmen zur Veränderung des Audi Außenauftritts, ganz besonders im Hinblick auf das Logo, traten mit Jahresbeginn 1995 in Kraft.

Der Vertrieb der AUDI AG war bereits vorher aus der V.A.G herausgenommen worden, und so ist die neue Markenprofilierung vom Audi Bereich Corporate Design/Corporate Identity durchgeführt worden. Als neues Logo wurden nun die Vier Ringe in einer profilierten Form herausgestellt, wobei man den Schriftzug aus dem alten Oval übernahm, ihn leicht modifizierte und ihn unter den Vier Ringen anordnete. Die Veränderungen betrafen die Höhe-Breite-Relation des Schriftzuges, der jetzt den Maßen der Vier Ringe angepasst worden ist. Damit wirken sie gestreckter als im Oval, dessen Farbe exakt übernommen wurde. Geprägt wird das Markenzeichen nun von den Vier Ringen. Zufall, aber nicht ohne Hintersinn ist, dass dieses ursprünglich ja flache Zeichen jetzt eine Profilierung erfuhr, während die von Bernhard profiliert gedachte Schrift jetzt flach gehalten wird.

Neben dem Markenzeichen und dem Schriftzug wird die Farbe Silber, besser eigentlich Aluminium, als Hausfarbe gepflegt. Sie steht traditionell für Hochwertigkeit und in Bezug auf die aktuellen Audi Fahrzeuge für moderne Technologie.

Die Tage des Audi Ovals waren gezählt. Während noch alle zum Genfer Salon im März 1997 gezeigten Audi Wagen das Logo noch an bekannter Stelle zeigten, war es an den Ausstellungsfahrzeugen zur Frankfurter IAA im September des gleichen Jahres nicht mehr zu sehen.

Von den Eintragungen ins Warenzeichen-Register seit Bestehen der AUDI AG (1985) deuten einige auf technische Fortschritte und Vorsprünge hin, so z.B. Allroad, Avus, FSI und TDI. Vor allem aber wird der Umgestaltungsprozess im Unternehmensauftritt sehr deutlich, den seit 1995 nicht nur das andere Logo, sondern auch die neuen Typen-

bezeichnungen (geschützt A0 bis A20) ebenso wie die S-Codes schon seit dem gleichen Jahr, drei Jahre später die RS1 bis RS20 Benennungen kennzeichnen und begleiten. Übrigens: Schutz für die Typenbezeichnung TT ist schon im Juni 1995 eingetragen worden. Auch die Begriffe Advance, Ambiente und Ambition sind seit 1996 geschützt. Die weltweiten Exportorientierungen werden vor allem durch zwei Eintragungen schlaglichtartig beleuchtet: der Name Audi in chinesischen Buchstaben und die Übersetzung des Audi Wahlspruches ins Russische – Vorsprung durch Technik.

Insignienwechsel 1995: Das rote Audi Oval wird vom Dach des Vorstandsgebäudes gehievt (links). Die Vier Ringe prägen von nun an das AUDI Erscheinungsbild (Mitte, links).

Das rote – Pantone 186 – Audi Oval (oben).

Die grafische Gestaltung der Audi Typenbezeichnungen bis 1999 am Heck der Fahrzeuge (Mitte).

Die heute übliche Hecksignatur am Audi (unten).

1 Zahlreiche Hinweise hierzu sind Thomas Erdmann zu danken.

2 Audi Presseinformation v. 3. 5. 1978.

3 Audi Mitteilung der Abt. Public Relations/GPK 2/1992.

4 Zitiert in *Die Welt* vom 12.11.1994.

14. Die Marken bleiben unsere Begleiter

Irgendwann nähert sich jede Geschichtsschreibung der Gegenwart und verliert damit die für den Historiker notwendige Distanz. So ist es wohl mehr eine Frage an den Juristen als an den Geschichtsschreiber, wenn man wissen will, was in der Gegenwart des 21. Jahrhunderts aus diesen seit Jahrzehnten gebräuchlichen Marken und ihren Zeichen geworden ist, in welche Pragmatik diese Insignien heute eingebunden sind.

Audi dürfte eine der ältesten heute noch voll in Nutzung befindlichen Marken des Volkswagenkonzerns überhaupt sein. Für die anderen Warenzeichen sind durch Ersatzteilproduktionen und Lizenzvergaben Nutzungen nachweisbar. Fasst man alle Eintragungen von Warenzeichen auf Audi und die Vorgänger Auto Union sowie Audi NSU Auto Union zusammen, so sind seit 1949 ca. 400 geschützt worden.

Horch hat von den historischen Signets der heutigen AUDI AG die belebteste Vergangenheit hinter sich. Das Zeichen geriet 1958 mit der Auto Union GmbH in den Besitz der Daimler-Benz AG, die sich seine Gültigkeit wiederholt verlängern ließ, um seine Stilllegung zu erreichen. Eine eigene Wiederbelebung der Marke des einst überlegenen Konkurrenten plante man aus nachvollziehbaren Gründen nicht. 1967 wurde das Warenzeichengesetz grundlegend geändert, und seitdem kann eine Marke, die fünf Jahre lang nicht genutzt worden ist, auf Antrag, den jedermann stellen kann, gelöscht werden. Der Gesetzgeber wollte damit einen Benutzungszwang erwirken und die Markenzeichenrolle von zahlreichen, wirtschaftlich interessanten, aber blockierten Marken befreien. Die Übergangszeit betrug fünf Jahre, und seit 1973 war das Horch-Zeichen praktisch dem Zugriff von jedermann ausgesetzt, weil Daimler-Benz an eine Nutzung nicht dachte. Daher hat die Audi NSU Auto Union AG 1974 das Markenzeichen Horch für sich schützen lassen, was zur paradoxen Situation geführt hat, dass

Das Audi Signet der Vier Ringe für das Design von morgen am Audi *Avantissimo*.

Im Zusammenhang mit den Wiederbelebungsversuchen der Audi NSU Auto Union AG an den alten Warenzeichen entwarf Auto Union Karosserie-Designer Jupp Dienst ein Horch-Logo im kantigen Zeitstil. (1976)

dieses Signet nun auf zwei Unternehmen eingetragen war. Ein weiterer Interessent fand sich nicht, und so begann man in Ingolstadt einige Jahre später, mit der Fertigung von Ersatzteilen und einschlägigen Produkten den alten Namen zu gebrauchen und gegen eine Löschungsklage auszubauen. Die Duplizität zu Stuttgart fand 1992 ihre endgültige Klärung: Gegen die ausdrückliche Versicherung der AUDI AG, kein Produkt ihres aktuellen Fahrzeugangebotes mit dem Modellnamen »Silberpfeil« auf den Markt zu bringen, gab Mercedes alle Ansprüche am Horch-Zeichen auf.[1]

Streng genommen gab es doch noch einen Interessenten an der Horch-Krone: Seit 1955 war sie im anderen deutschen Staat auf den VEB Sachsenring eingetragen. Nachdem die neuen Bundesländer 1990 ebenfalls unter den Geltungsbereich des Warenzeichengesetzes fielen, sah sich dieses bald darauf in Liquidation befindliche Zwickauer Unternehmen in ähnlich aussichtsloser Rechtslage wie vorher Daimler-Benz.

Die immer wieder gestellte Frage nach einer Reanimation der Marke Horch im Sinn der Verwendung des alten Namens für ein modernes Auto der Superluxusklasse zeigt vor allem, wie lebendig und unglaublich langlebig das Image dieser Marke ist – über sechs Jahrzehnte, nachdem der letzte des Stammes vom Zwickauer Fließband gerollt ist, wird immer noch danach gefragt.

Aber Realisierungsaussichten bestehen nicht. Seitdem Mitte der 90er-Jahre von der Konzernführung der erforderliche Kompetenznachweis in dieser Klasse bei der Stammmarke des Konzerns, also bei VW selbst, für erforderlich gehalten und eine entsprechende Entwicklung veranlasst wurde, ist geklärt, dass eine Marke Horch in dieser Strategie keinen Platz haben würde. Dieser Name ist so eindeutig Audi-bezogen, dass der gewünschte top-down-Effekt bei Volkswagen in der Öffentlichkeit nicht herstellbar gewesen, sondern die Luxus-Kompetenz auf ein Tochterunternehmen delegiert worden wäre. Das war nicht die Absicht der Konzernführung. So bleibt die Marke Horch ein ideeller Maßstab und Orientierungsbild, vor allem aber ein bedeutsames Feld der Traditionspflege und Unternehmensgeschichte. Damit ist sie auf jeden Fall über die Banalitäten des automobilen Alltagsgeschäftes erhaben und immer noch wie seit Jahrzehnten eine vitale Legende.

Die Entstehung und Verwendung von Warenzeichen ist also ein ständiger Prozess zwischen Traditionsbekenntnis und Einbeziehung des Zeitgeistes. Der geistige Hintergrund der Zielgruppe ist ein entscheidender, aber eben auch ein sich wandelnder Faktor. Eine allegorische Darstellung konnte der Automobilkäufer Anfang des 20. Jahrhunderts noch dechiffrieren. Heute ist dieses Wissen bei der Käufermasse selten vorhanden, es ist durch anderes Wissen ersetzt. Konnte man in der Anfangszeit noch mit Vogelschwingen die Geschwindigkeit symbolisieren, so ist dies heute kaum noch möglich.[2] Selbst Alltagsgegenstände wie Rasierer bewegen sich – glaubt man der Werbung – bereits mit dreifacher Schallgeschwindigkeit.

Es gilt dabei, den Spagat zwischen althergebrachten Zeichen und moderner Interpretationsmöglichkeit zu bewältigen. Der Ring bleibt dafür die beste Projektionsfläche, denn er symbolisiert Mobilität, Geschlossenheit und Sicherheit. Bei der Verwendung von Namen hat sich gezeigt, dass kurze Namen recht günstige Voraussetzungen bieten, auf Dauer bestehen zu können. Technische Neuerungen direkt in das Warenzeichen einfließen zu lassen, hat sich in den seltensten Fällen bewährt. Neu ist eben immer relativ.

So bringt ein Streifzug durch die Geschichte der Markenzeichen Erfahrungen zutage, die sich immer wieder als äußerst nützlich zeigen, wenn man sich nach ihnen richtet. Manchmal hat man dabei schon das Gefühl, durch einen Ehrenhain deutscher Automobilgeschichte zu wandeln. Hin- und hergerissen zwischen Bewunderung und Besserwissen, Ehrfurcht und Fremdheit, Begeisterung und Zurückhaltung reift die Erkenntnis, dass Geschichte einen unglaublichen Reichtum dem offenbart, der sich ihr zuwendet. Hinter den Markenzeichen lassen sich Hoffnungen und Sehnsüchte entdecken, die Produzenten, Techniker und Kunden einst damit verbanden. Sie stehen als Insignien für Arbeit und Langlebigkeit – auch wenn der wirtschaftliche Erfolg nicht immer ihr Begleiter war.

Die Vier Ringe, die heute die in Ingolstadt, Neckarsulm, China, Ungarn und Brasilien gefertigten Wagen zieren, bergen in sich ein außerordentlich reiches Spektrum, zu dessen Schliff alle ihre Vorläufer maßgeblich beigetragen haben. Nicht zuletzt daraus erklären sich Vitalität und ständige Erneuerungsfähigkeit im Automobilbau, für die dieses Zeichen sinnfälliger Ausdruck ist.

1 Der Begriff »Silberpfeil« war zu dieser Zeit für die AUDI AG geschützt und wurde mit dieser Vereinbarung unter der Versicherung, auch künftig keine warenzeichenrechtliche Nutzung dieses Begriffs vorzunehmen, umgehend gelöscht. Gleichzeitig wurde betont, *»dass wir in der Darstellung der Geschichte unseres Hauses auf die Bezeichnung ›Silberpfeil‹ nicht verzichten können, da in den 30er-Jahren die Rennwagen sowohl von Mercedes als auch der Auto Union mit der Bezeichnung ›Silberpfeil‹ in der Presse erwähnt wurden. Soweit also historische Darstellungen durch unser Haus publiziert werden, sei es in Buchform oder in Filmen oder Videos, müsste uns die historisch korrekte Verwendung dieser Bezeichnung noch zur Verfügung stehen«*. Schreiben von Dr. Ulmer/AUDI AG an Mercedes-Benz vom 21.12.1992, Archiv AUDI AG.

2 Trotzdem sind Vögel als Symbol hoher Geschwindigkeiten noch immer beliebt. Die 1998 vorgestellte Suzuki GSX 1300 R (das erste Serienmotorrad mit 300 km/h Höchstgeschwindigkeit) bekam den Beinamen *Hayabusa* – das japanische Wort für Jagdfalke.

15. Das Markenregister

Angemeldete Warenzeichen der Marken Audi, Auto Union, DKW, Horch, NSU und Wanderer (Auszug)

Die Eintragungen sind – sofern nicht anders angegeben – den Warenzeichenblättern des Reichspatentamtes bzw. dessen Nachfolge-Institutionen entnommen. Anmelde- und Eintragungsdatum sind zur besseren Sortierung im international üblichen Format Jahr-Monat-Tag angegeben.

Die Warenzeichen für Kraftfahrzeuge sind bis 1968 üblicherweise für die Klasse 10 angemeldet worden, danach in der Klasse 12. Ausnahmen sind mit einem Vertikalbalken | hinter der Warenzeichennummer gekennzeichnet. Diese Warenzeichen sind in der Klasse 42 angemeldet.

Recherchiert wurde in den Warenzeichenblättern, jeweils die Warenklasse 10 bzw. 12 (enthält u.a. Automobile); in einigen Fällen auch die Warenklasse 42 (fasst mehrere Warenklassen zusammen). Die Aufstellung erhebt keinesfalls Anspruch auf Vollständigkeit. In Einzelfällen wurden Warenzeichen primär in anderen Klassen angemeldet und erst sekundär für die Klasse 10. Diese Zeichen sind hier nicht aufgelistet. Weiterhin erhielten immer wieder Warenzeichenanmeldungen keinen Schutz durch Eintragung. Diese Zeichen fehlen ebenfalls.

Die Warenzeichen bis 1975 sind relativ vollständig. Aufgrund der Datenmenge erfolgte für die Zeit danach eine Auswahl nach subjektiven Kriterien. Quelle hier sind Unterlagen der AUDI AG.

Größere Zeitdifferenzen zwischen Anmeldung und Eintragung sind ein Indiz für Warenzeichenstreitigkeiten.

A. Horch & Cie	=	A. Horch & Cie., Motorwagenwerke Aktiengesellschaft, Zwickau i/S.
Horchwerke	=	Horchwerke Aktiengesellschaft, Zwickau i. Sa.
Wanderer	=	Wanderer-Werke, vorm. Winkelhofer & Jaenicke, A.-G., Schönau b. Chemnitz
Audi	=	Audi Automobil-Werke m. b. H., Zwickau i. Sa
Audiwerke	=	Audiwerke A. G., Zwickau i. Sa.
Neckarsulmer	=	Neckarsulmer Fahrradwerke Aktiengesellschaft, Neckarsulm
NSU-D-Rad	=	NSU-D-Rad Vereinigte Fahrzeugwerke Akt.-Ges., Neckarsulm, Württ.
Zschopauer	=	Zschopauer Motorenwerke, J. S. Rasmussen, Zschopau i/Sa
Auto Union Gm.	=	Auto Union GmbH Ingolstadt
AUDI NSU	=	AUDI NSU Auto Union Aktiengesellschaft

Anmeldung	Eintragung	Firmenkürzel	Wortmarke bzw. Bildmarke	WZ-Nr.
1909-07-05	1909-09-24	A. Horch & Cie	*Marke Horch*	121888
1909-07-05	1909-09-24	A. Horch & Cie	*Horchwagen*	121889
1909-07-05	1909-09-24	A. Horch & Cie	*Originalhorch-wagenfabrik*	121890
1909-07-05	1909-09-24	A. Horch & Cie	*Originalhorch-wagen*	121891
1909-07-05	1909-09-24	A. Horch & Cie	*Horchwerke*	121892
1909-07-06	1909-09-24	A. Horch & Cie	*A. Horch & Cie., Motorwagenwerke Aktiengesellschaft*	121893
1909-07-06	1909-09-24	A. Horch & Cie	*Horchmobil*	121894
1909-07-06	1909-09-24	A. Horch & Cie	*Horchautomobil*	121895
1909-07-06	1909-09-24	A. Horch & Cie	*Horchauto*	121896
1909-07-06	1909-09-24	A. Horch & Cie	*Horchmotor*	121897
1909-07-06	1909-09-24	A. Horch & Cie	*Horch*	121898
1909-07-06	1909-09-24	A. Horch & Cie	*A. Horch & Cie.*	121899
1909-07-06	1909-09-24	A. Horch & Cie	*Horch & Cie.*	121900
1909-07-06	1909-09-24	A. Horch & Cie	*A. Horch*	121901
1909-07-08	1909-09-24	A. Horch & Cie	*Autohorch*	121887
1909-07-24	1909-09-14	A. Horch & Cie	*Originalhorch*	121556
1909-08-02	1909-10-09	A. Horch & Cie	*Horchoriginal*	122379
1909-09-07	1910-01-04	A. Horch & Cie	*Horchuk*	125103
1909-09-07	1910-01-04	A. Horch & Cie	*Horchol*	125104
1909-09-07	1910-01-04	A. Horch & Cie	*Horchas*	125105
1909-09-07	1910-01-04	A. Horch & Cie	*Horchin*	125106
1909-09-07	1910-01-18	A. Horch & Cie	*Horcher*	125642
1909-09-07	1910-01-18	A. Horch & Cie	*Horchfiliale*	125643
1909-09-13	1910-01-18	A. Horch & Cie	*Horch-Automobilwerke*	125641
1909-10-16	1910-05-14	A. Horch & Cie	*Automobilwerke Horch*	129725
1909-12-06	1910-06-15	Wanderer	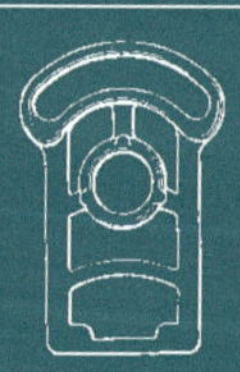 Bildmarke	131216
1910-01-07	1910-03-30	A. Horch & Cie	*Horch Horch*	127893

Anmeldung	Eintragung	Firmenkürzel	*Wortmarke bzw. Bildmarke*	WZ-Nr.
1910-01-10	1910-03-29	A. Horch & Cie	*A. Horch & Cie.*	127767
1910-01-10	1910-03-30	A. Horch & Cie	*Horchwerke*	127892
1910-01-10	1910-03-31	A. Horch & Cie	*Horchwagen*	127894
1910-04-25	1910-08-30	Audi	*Audi*	133730
1910-04-26	1910-09-01	Audi	*Audi-Automobil-werke m. b. H.*	133806
1910-04-28	1910-08-30	Audi	*Audite*	133702
1911-05-01	1912-01-18	Wanderer	Bildmarke	153841
1911-08-12	1911-10-02	Neckarsulmer	*Sulm*	149351
1912-01-05	1912-02-22	A. Horch & Cie	*Marke Horch Das ist ein Auto!*	155379
1912-01-11	1912-04-12	Wanderer	Bildmarke	157211
1912-05-24	1912-06-22	A. Horch & Cie	*Horch Aujust! Das ist ein Auto!*	161000
1914-02-02	1914-12-10	Wanderer	*Wandrer*	200710
1914-02-02	1914-12-10	Wanderer	*Wanderbursch*	200712
1914-02-02	1914-12-10	Wanderer	*Der Wanderer*	200714
1914-02-02	1915-05-07	Wanderer	*Wander-Rad*	203276
1914-02-02	1915-07-07	Wanderer	*Wanderlust*	204536
1914-02-11	1914-08-06	A. Horch & Cie	*Horch-Pony*	198129
1914-02-11	1914-08-06	A. Horch & Cie	*Pony*	198130
1915-07-31	1915-11-15	A. Horch & Cie	*Svenska Horch*	207098
1915-11-23	1916-04-17	A. Horch & Cie	*Norsk Horch*	209776
1915-11-23	1916-04-17	A. Horch & Cie	*Dansk Horch*	209778
1918-04-15	1918-08-30	Horchwerke	*Horchwerke Aktiengesellschaft*	225903
1919-11-17	1920-05-26	Audiwerke	*»Auti«*	247552
1919-11-17	1920-09-30	Audiwerke	*Awdi*	253354
1919-11-17	1920-10-15	Audiwerke	*Rudi*	253938

Anmeldung	Eintragung	Firmenkürzel	*Wortmarke bzw. Bildmarke*	WZ-Nr.
1919-11-17	1920-11-16	Audiwerke	*Andi*	255757
1919-12-06	1920-04-27	Audiwerke	Bildmarke	246245
1920-01-07	1920-05-10	Audiwerke	*Audiwerke A.-G.*	246750
1920-07-30	1921-06-13	Audiwerke	*Audie*	267101
1921-06-13	1921-12-21	Horchwerke	Bildmarke	277176
1921-06-13	1921-12-21	Horchwerke	Bildmarke	277177
1922-06-06	1922-11-06	Zschopauer AG	Bildmarke	293620
1922-09-09	1925-01-12	Zschopauer AG	Bildmarke	326773
1922-12-22	1924-03-29	Zschopauer AG	*DKW*	312720
1923-05-31	1923-07-24	Horchwerke	Bildmarke	304353

Anmeldung	Eintragung	Firmenkürzel	*Wortmarke bzw. Bildmarke*	WZ-Nr.
1923-06-05	1923-10-05	Audiwerke	Bildmarke	306595
1923-06-05	1924-03-15	Audiwerke	Bildmarke	312265
1923-06-05	1924-12-30	Audiwerke	Bildmarke	326149 I
1923-06-28	1923-11-16	Zschopauer AG	*Marke Rasmussen*	308057
1923-10-05	1924-12-29	Zschopauer AG	*DKW* *Der kleine Wagen*	326048
1924-04-09	1925-10-26	Audiwerke	*AUDI*	342353 I
1924-04-19	1924-12-30	Audiwerke	Bildmarke	326095 I
1924-04-19	1924-12-30	Audiwerke	steht fest: Bildmarke	326096 I

Anmeldung	Eintragung	Firmenkürzel	*Wortmarke bzw. Bildmarke*	WZ-Nr.
1924-04-19	1924-12-30	Audiwerke	ist sicher: Bildmarke	326150 I
1924-07-09	1925-02-07	Zschopauer AG	*DKW-Mischung*	328298
1924-11-07	1925-04-18	Audiwerke	Bildmarke	332162
1924-11-07	1925-04-18	Audiwerke	Bildmarke	332161
1925-01-09	1925-04-18	Audiwerke	Bildmarke	332163
1925-04-03	1925-10-17	Audiwerke	Bildmarke	341401 I
1925-04-03	1925-10-17	Audiwerke	Bildmarke	341400 I

Anmeldung	Eintragung	Firmenkürzel	*Wortmarke bzw. Bildmarke*	WZ-Nr.
1925-04-03	1926-03-25	Audiwerke	Bildmarke	349816 I
1925-04-14	1925-10-26	Audiwerke	Bildmarke	342358 I
1927-02-01	1927-06-25	Horchwerke	 Bildmarke	370986
1927-02-01	1927-12-21	Horchwerke	*FLÜGELPFEIL*	378566
1927-05-25	1927-09-24	Zschopauer AG	*D G W RASMUSSEN*	374541
1928-06-05	1928-10-09	Zschopauer AG	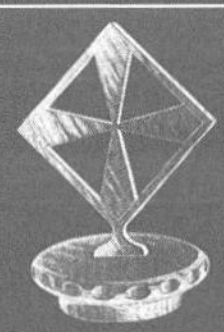 Bildmarke	392656
1928-06-05	1928-10-09	Zschopauer AG	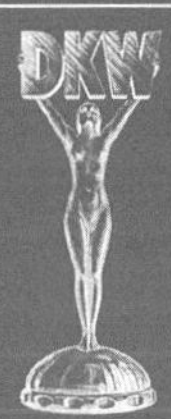 Bildmarke	392654
1928-08-04	1929-02-07	Zschopauer AG	*DAS KLEINE WUNDER*	398300
1928-11-09	1929-01-19	Zschopauer AG	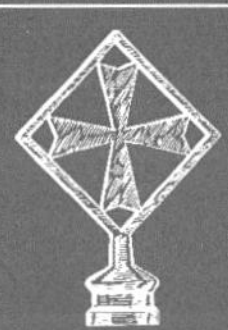 Bildmarke	397232

Anmeldung	Eintragung	Firmenkürzel	*Wortmarke bzw. Bildmarke*	WZ-Nr.
1929-03-06	1929-10-29	Wanderer	*Wanderer-Type Chrom*	409591
1929-03-06	1929-10-29	Wanderer	*Wanderer-Modell Chrom*	409590
1929-04-09	1929-06-22	Horchwerke	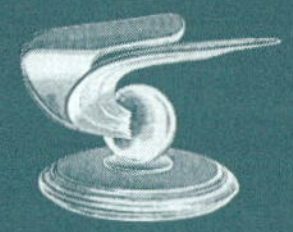 Bildmarke	404611
1929-04-09	1929-06-22	Horchwerke	 Bildmarke	404613
1929-06-12	1929-10-10	Wanderer	Bildmarke	408533
1929-06-12	1929-10-10	Wanderer	Bildmarke	408534
1929-06-12	1929-10-10	Wanderer	 Bildmarke	408535
1929-10-15	1930-06-11	Zschopauer AG	*ZIS*	419677
1929-12-19	1930-03-05	Wanderer	Bildmarke	415411
1930-01-23	1930-04-28	Wanderer	*WANDERER Chromrad*	417688

Anmeldung	Eintragung	Firmenkürzel	*Wortmarke bzw. Bildmarke*	WZ-Nr.
1930-09-15	1930-11-26	Wanderer	Bildmarke	426318 I
1930-10-18	1932-07-18	Wanderer	WANDERER VULKAN Bildmarke	447223
1930-10-18	1932-07-18	Wanderer	VULKAN Bildmarke	447224
1930-11-05	1935-06-15	Wanderer	*Elektro-Continental*	476691
1930-12-08	1931-02-12	Wanderer	W-RAD Bildmarke	429102
1931-08-17	1932-01-12	Wanderer	*Alpensieger*	441345
1932-08-08	1934-10-30	Auto Union	Bildmarke	470286
1932-09-05	1935-02-22	Auto Union	Bildmarke	473428
1932-09-05	1935-02-25	Auto Union	*WANDERER*	473499
1932-10-19	1932-11-24	Auto Union	*SCHWEBEACHSE*	450541
1932-10-19	1935-06-07	Auto Union	*AUTO UNION A-G*	476525
1933-06-07	1933-10-13	NSU-D-Rad	*NSU WEHRSPORT*	460124
1933-11-10	1934-01-17	Auto Union	*DKW GELÄNDESPORT*	462719
1933-11-10	1934-01-17	Auto Union	*DKW WEHRSPORT*	462720
1934-01-13	1934-04-10	Auto Union	*DKW SONDERKLASSE*	464916
1934-01-13	1934-04-10	Auto Union	*DKW REICHSKLASSE*	464917
1934-01-13	1934-04-10	Auto Union	*DKW MEISTERKLASSE*	464918
1934-02-17	1934-04-24	Auto Union	*DKW-SCHWEBESATTEL*	465341

Anmeldung	Eintragung	Firmenkürzel	*Wortmarke bzw. Bildmarke*	WZ-Nr.
1934-03-14	1936-01-22	Auto Union	Bildmarke	482232
1934-03-23	1934-06-13	Auto Union	*DKW-SCHWEBEKLASSE*	466819
1934-04-17	1935-07-11	Auto Union	AUTO UNION Bildmarke	477462
1934-04-19	1938-12-22	Wanderer	*W mit Flügel*	506082
1934-04-19	1938-12-28	Wanderer	*Flügel W*	506146
1934-05-03	1934-09-13	Auto Union	Bildmarke	469056
1934-07-25	1935-03-27	Auto Union	*Schwebeachse floating Axle essieu flottant eje flottante*	474357
1934-08-09	1936-01-20	Auto Union	VIERRINGE Bildmarke	482130
1934-09-20	1937-03-10	Wanderer	*Wandervogel*	492004
1934-11-10	1935-07-12	Auto Union	*AUTO UNION*	477517
1935-01-21	1937-01-07	Auto Union	Bildmarke	490357
1935-01-23	1936-01-06	Auto Union	*UNION AUTO*	481737
1935-02-23	1936-02-20	Wanderer	*Puppchen*	482948
1935-03-13	1935-06-03	Auto Union	*Schwebeachse Der schwebende Wagen*	476304
1935-05-18	1938-09-10	Auto Union	*Union Auto Union Automobile*	504816
1935-08-10	1938-10-31	Auto Union	*Auto Union A-G*	505512
1936-02-04	1936-04-22	NSU-D-Rad	*NSU-GRENZLAND*	484585

Anmeldung	Eintragung	Firmenkürzel	*Wortmarke bzw. Bildmarke*	WZ-Nr.
1936-02-10	1936-05-20	NSU-D-Rad	*NSU-D-QUICK*	485445
1936-03-04	1936-06-25	NSU-D-Rad	Bildmarke	486327
1936-04-07	1936-06-04	Auto Union	*SCHWEBEKLASSE*	405701
1936-05-05	1936-08-07	Auto Union	*SCHWEBEKLASSE* *SCHWEBEACHSE*	487384
1936-05-05	1936-08-27	Auto Union	Bildmarke	487658
1936-05-22	1937-01-05	Auto Union	Bildmarke	490299
1936-05-22	1938-08-20	Auto Union	Bildmarke	504479
1936-05-26	1939-02-28	Auto Union	Bildmarke	508081
1936-05-26	1939-06-19	Auto Union	Bildmarke	513096
1936-05-26	1939-09-13	Auto Union	Bildmarke	515733

Anmeldung	Eintragung	Firmenkürzel	*Wortmarke bzw. Bildmarke*	WZ-Nr.
1936-06-05	1937-07-16	Auto Union	Bildmarke	495155
1936-07-31	1938-05-17	Auto Union	*Autounion*	502302
1936-08-01	1937-01-25	Auto Union	Bildmarke	490812
1936-09-29	1938-12-29	Auto Union	*Phenolpanzer*	506159
1936-10-10	1937-10-25	Auto Union	*Ferroplast*	496958
1936-10-10	1938-07-16	Auto Union	*Elastikpanzer*	503885
1937-07-10	1938-10-17	Wanderer	Bildmarke	505330
1937-08-25	1937-11-24	Auto Union	Bildmarke	497834
1937-09-13	1939-03-18	Auto Union	*Meisterklasse*	509003
1937-09-13	1939-03-18	Auto Union	*Reichsklasse*	509004
1937-09-24	1938-11-11	Wanderer	*Contaddreß*	505645
1937-09-24	1939-12-14	Wanderer	Bildmarke	518125
1937-10-15	1938-11-22	Auto Union	*DKW-Baby*	505712
1937-12-15	1939-06-16	Auto Union	*DKW-Hummel*	512975
1938-03-02	1938-08-11	Auto Union	*DKW-Schmiegrad*	504344
1938-03-25	1938-10-31	Auto Union	*DKW-Schmiegrahmen*	505511
1938-04-13	1939-02-09	Auto Union	Bildmarke	507372

Anmeldung	Eintragung	Firmenkürzel	*Wortmarke bzw. Bildmarke*	WZ-Nr.
1938-04-13	1939-09-13	Auto Union	Bildmarke	515734
1938-09-15	1939-06-10	NSU-Werke	*NSU-Sport*	512598
1938-09-21	1939-05-17	NSU-Werke	*NSU*	511293
1938-09-27	1939-06-28	NSU-Werke	*NSU-BLAU-NICKEL*	513609
1938-11-14	1939-05-05	NSU-Werke	Bildmarke	510662
1939-02-18	1939-09-09	Wanderer	Bildmarke	515545
1939-05-06	1939-09-15	Auto Union	*DKW-RT*	515846
1939-07-12	1939-12-22	NSU Werke	Bildmarke	518271
1939-07-12	1940-01-22	NSU Werke	*SULM*	518271
1939-07-12	1940-01-25	NSU Werke	*NSU GRENZLAND*	?
1939-09-21	1940-01-30	NSU Werke	*NSU-SUPERSPORT*	?
1939-09-25	1940-01-30	Auto Union	*AU-Hartschicht-Karosse*	?
1948-10-01	1950-06-20	NSU Werke	*NSU-Quick*	600017
1948-10-01	1950-06-20	NSU Werke	*NSU-Lux*	600018
1948-10-01	1950-06-20	NSU Werke	*NSU-Fox*	600019
1948-10-01	1950-07-12	NSU Werke	*NSU-Super-Fox*	600315
1949-07-09	1951-04-05	Auto Union AG	Bildmarke	606311

Anmeldung	Eintragung	Firmenkürzel	*Wortmarke bzw. Bildmarke*	WZ-Nr.
1949-08-03	1951-04-12	Auto Union AG	*DKW KRONE*	606497
1949-08-22	1951-04-12	NSU Werke	*NSU-Pax*	606499
1949-10-15	1950-10-12	Auto Union Gm.	AUTO UNION Bildmarke	601648
1949-10-15	1951-01-09	Auto Union Gm.	DKW Bildmarke	603981
1950-03-01	1951-05-16	NSU Werke	*NSU-Lambretta-Autoroller*	607278
1950-03-10	1951-09-08	Auto Union Gm.	DKW DIENST Bildmarke	611305
1950-04-11	1952-01-28	Auto Union Gm.	*DKW-Bus*	616045
1950-04-11	1952-01-28	Auto Union Gm.	*DKW-Kombi*	616047
1950-04-11	1952-01-28	Auto Union Gm.	*DKW-Schnell-Laster*	616046
1950-05-04	1951-04-16	Auto Union Gm.	Bildmarke	606591
1950-07-28	1952-05-20	NSU Werke	*NSU-Autoroller*	620583
1950-09-09	1953-09-25	Auto Union Gm.	*DONAU*	644848
1950-10-04	1952-06-03	NSU Werke	*NSU-Fox für Pfennigfoxer*	621259
1950-10-04	1952-06-03	NSU Werke	*NSU-Maschinen sind gut*	621261
1950-10-04	1952-06-03	NSU Werke	*Fahr auch Du NSU*	621262
1950-10-04	1952-06-03	NSU Werke	*Da lob ich mir die NSU*	621263
1950-10-04	1952-06-03	NSU Werke	*Fixe Fahrer fahren Fox*	621290
1950-10-18	1953-12-??	Auto Union Gm.	*Donau-Wagen*	649350
1950-10-26	1953-01-21	Auto Union Gm.	RT 125 Bildmarke	633035
1951-02-10	1952-08-20	NSU Werke	*NSU-Flitzer*	624954
1951-02-20	1952-08-11	NSU Werke	*NSU-Max*	624642

Anmeldung	Eintragung	Firmenkürzel	*Wortmarke bzw. Bildmarke*	WZ-Nr.
1951-05-31	1952-08-28	NSU Werke	*NSU-TIP*	625484
1951-05-31	1952-10-20	NSU Werke	*NSU-TOP*	628500
1951-06-11	1952-08-28	NSU Werke	*NSU-Pony*	625485
1951-10-26	1953-03-05	Auto Union Gm.	Bildmarke	635266
1952-03-14	1952-04-22	Auto Union Gm.	Bildmarke	619346
1952-03-14	1952-04-23	Auto Union Gm.	*DONAU*	619348
1952-03-14	1952-05-03	Auto Union Gm.	*Donau-Wagen*	619856
1952-03-14	1953-04-10	NSU Werke	*NSU-QUICKLY*	636533
1952-03-27	1954-02-02	Auto Union Gm.	*DKW F 8*	652700
1952-03-27	1954-02-02	Auto Union Gm.	*DKW F 89*	652701
1952-03-27	1954-02-02	Auto Union Gm.	*DKW F 9*	652702
1952-06-14	1953-08-03	NSU Werke	*NSU-ULTRAMOT-Steuerung*	642170
1952-06-14	1953-08-03	NSU Werke	*NSU-ULTRAX-Steuerung*	642171
1952-06-14	1953-08-03	NSU Werke	*NSU-ULTRAMAT-Steuerung*	642172
1952-06-14	1953-08-03	NSU Werke	*NSU-ULTRAMAX-Steuerung*	642173
1952-07-22	1953-07-22	Auto Union Gm.	*DREI GLEICH SECHS*	641767
1952-09-12	1953-10-12	NSU Werke	*NSU-ULTRAX*	645929
1952-09-12	1953-10-12	NSU Werke	*NSU-ULTRAMOT*	645930
1952-09-12	1953-10-12	NSU Werke	*NSU-ULTRAMAT*	645931
1952-09-12	1953-10-15	NSU Werke	*NSU-ULTRAMAX*	646100
1952-11-22	1954-01-08	Auto Union Gm.	*Golem*	651075
1952-11-22	1954-01-12	Auto Union Gm.	*Lomos*	651241
1952-12-13	1954-01-08	Auto Union Gm.	*DKW Weltklasse*	651051
1953-03-17	1954-01-13	NSU Werke	Bildmarke	667709

Anmeldung	Eintragung	Firmenkürzel	*Wortmarke bzw. Bildmarke*	WZ-Nr.
1953-06-03	1955-01-11	Auto Union Gm.	Bildmarke	669378
1953-06-03	1955	Auto Union Gm.	*DKW Meisterklasse*	679334
1953-06-17	1954-10-29	Auto Union Gm.	*DKW Extraklasse*	665506
1953-07-21	1954-06-12	NSU Werke	*NSU-PRIMA*	658757
1953-07-28	1954-11-15	Auto Union Gm.	*Mücke*	666588
1953-07-30	1956-04-20	Auto Union Gm.	*DKW-Junior*	689890
1953-11-13	1955-01-13	Auto Union Gm.	*Schweberahmen*	669658
1954-02-13	1955-07-15	Auto Union Gm.	*3 = 6*	679126
1954-05-13	1955-09-27	Auto Union Gm.	*DKW Europaklasse*	682016
1954-06-11	1956-03-23	NSU Werke	Bildmarke	688913
1954-06-11	1956-03-23	NSU Werke	Bildmarke	688914
1954-06-18	1954-08-04	Auto Union Gm.	*Hobby*	661005
1954-07-10	1955-12-21	Auto Union Gm.	*DKW=Sicherheit*	685847
1954-08-02	1955-04-21	NSU Werke	*NSU-Strom*	674756
1954-08-14	1955-11-07	Auto Union Gm.	*Stromer*	683834
1954-10-28	1955-06-24	NSU Werke	*AUTO - SULM*	678064
1954-11-26	1955-08-22	Auto Union Gm.	*RT 175*	680729
1954-11-26	1955-08-22	Auto Union Gm.	*RT 200*	680730
1954-11-26	1955-08-22	Auto Union Gm.	*RT 250*	680731
1954-11-26	1955-08-22	Auto Union Gm.	*RT 350*	680732
1954-11-26	1955-08-22	Auto Union Gm.	*RT 500*	680733
1954-11-26	1955-09-27	Auto Union Gm.	*DKW – das denkende Getriebe*	682015
1954-11-27	1955-08-11	NSU Werke	*NSU-CHEF*	680335
1955-01-08	1955-11-23	Auto Union Gm.	*Torsions-Schwebeachse*	684565
1955-01-19	1955-09-29	NSU Werke	*NSU-SCHWARM*	682138
1955-02-10	1955-06-06	NSU Werke	*NSU*	677041

Anmeldung	Eintragung	Firmenkürzel	*Wortmarke bzw. Bildmarke*	WZ-Nr.
1955-02-10	1955-06-29	NSU Werke	Bildmarke	678250
1955-03-11	1956-09	NSU Werke	*Beruhigte Luft*	695023
1955-06-25	1957-02-14	NSU Werke	*Schuhe sparen – Quickly fahren*	700083
1955-06-25	1957-02-14	NSU Werke	*WOHL DEM, DER EINE QUICKLY HAT*	700084
1955-06-25	1957-02-14	NSU Werke	*Kräfte sparen – Quickly fahren*	700085
1955-06-25	1957-02-14	NSU Werke	*Ärger sparen – Quickly fahren*	700086
1955-06-25	1957-02-14	NSU Werke	*Zeit sparen – Quickly fahren*	700087
1955-08-25	1957-02-18	Auto Union Gm.	*Duroplast*	700155
1955-09-01	1956-07-23	NSU Werke	*Neckar*	693051
1955-09-16	1956-06-07	Auto Union Gm.	*Sonderklasse*	691583
1955-10-26	1958-11	Auto Union Gm.	*Hobby*	719516
1956-01-05	1956-08-31	NSU Werke	*NSU-MELODIE*	694436
1956-02-11	1956	Auto Union Gm.	*DKW F 94*	696715
1956-03-22	1957-09-17	NSU Werke	*NSU - PRINZ*	706481
1956-06-29	1957-05	Auto Union Gm.	Bildmarke	702591
1956-07-04	1957-11-25	Auto Union Gm.	Bildmarke	708635
1956-07-17	1957-08-05	NSU Werke	*SUN*	705121
1956-08-16	1957-04-02	NSU Werke	*BESSER FAHREN – NSU PRIMA FAHREN*	701454
1956-08-17	1957-06-04	NSU Werke	*SULM*	703529
1956-12-13	1957-08-12	NSU Werke	*NSU-SERVUS*	705381
1957-04-15	1957-07-08	NSU Werke	Bildmarke	704236

Anmeldung	Eintragung	Firmenkürzel	*Wortmarke bzw. Bildmarke*	WZ-Nr.
1957-04-15	1957-07-08	NSU Werke	Bildmarke	704237
1957-04-15	1957-07-08	NSU Werke	Bildmarke	704238
1957-04-15	1957-07-08	NSU Werke	Bildmarke	704239
1957-04-15	1957-07-08	NSU Werke	Bildmarke	704240
1957-11-29	1958-04-28	NSU Werke	*NSU-PRINCESS*	713361
1958-05-08	1959-02-02	Auto Union Gm.	Bildmarke	721753
1958-07-21	1959-04-24	NSU Werke	*CAVALLINO*	724267
1958-07-30	1959-05-04	NSU Werke	*Sport-PRINZ*	724550
1958-09-25	1959-08-06	NSU Werke	*QUICKLY-T*	727768
1958-11-21	1959-09-24	Auto Union Gm.	Bildmarke	729321
1959-02-27	1959-06	Auto Union Gm.	Bildmarke	726441
1959-04-22	1959-06-26	NSU Werke	NSU-PRINZ Bildmarke	726373
1959-06-01	1959-08-24	NSU Werke	*PRINZ*	728273
1959-06-10	1959-10-27	NSU Werke	Bildmarke	730349
1960-03-10	1961-12-01	Auto Union Gm.	*Amicus*	755760
1960-06-02	1961-02-23	NSU	*KABINETT*	746005
1960-12-08	1961-12-15	Auto Union Gm.	*Dekavette*	756255
1961-06-10	1961-08	Auto Union Gm.	*MUNGA*	752086

Anmeldung	Eintragung	Firmenkürzel	*Wortmarke bzw. Bildmarke*	WZ-Nr.
1961-09-13	1961-10-27	Auto Union Gm.	*DKW-Lubrimat*	754375
1961-09-16	1962-06-27	NSU	*NSU-Compact*	762757
1961-10-19	1962-07-21	Auto Union Gm.	*DKW-Frischöl-automatik*	763610
1961-12-20	1962-09-26	Auto Union Gm.	*DKW-Europa*	765794
1962-01-16	1966-11-07	Auto Union Gm.	Bildmarke	825717
1962-02-22	1963-06-24	Auto Union Gm.	Bildmarke	774753
1962-10-17	1963-11-18	Auto Union Gm.	Bildmarke	779948
1962-11-10	1964-02-14	Auto Union Gm.	*DKW F 12*	783980
1962-11-10	1965-12-22	Auto Union Gm.	*Auto Union - Europa*	813883
1963-02-16	1964-02-25	NSU	*NSU-Privat*	784449
1963-06-06	1963-08-13	Auto Union Gm.	*DKW-Prominent*	776278
1963-06-06	1963-08-13	Auto Union Gm.	*DKW-Exzellenz*	776279
1963-06-06	1963-08-13	Auto Union Gm.	*DKW-Attaché*	776280
1963-06-11	1963-08-13	Auto Union Gm.	*DKW-Delphin*	776281
1963-07-25	1964-07-21	Auto Union Gm.	*DKW F 102*	791470
1964-02-15	1964-03-13	Auto Union Gm.	*PASSAT*	785502
1964-07-14	1965-05-17	NSU	*PARADE*	804116

Anmeldung	Eintragung	Firmenkürzel	*Wortmarke bzw. Bildmarke*	WZ-Nr.
1967-07-13	1967-11-14	Auto Union Gm.	Meister-Garantie Bildmarke	839107
1967-07-22	1967-10-17	NSU	*NSU*	838131
1968-02-16	1969-01-08	NSU	*TEAM*	853351
1968-06-12	1968-09-12	NSU	*NSU Ro 80*	849872
1969-01-09	1970-12-18	Audi NSU	Bildmarke	876341
1969-11-20	1971-07-30	Audi NSU	AUDI NSU Bildmarke	883745
1973-06-15	1974-10-23	Audi NSU	EOX Bildmarke	924010
1973-11-21	1975-07-23	Audi NSU	EOX Bildmarke	933647
1974-11-08	1975-12-04	Audi NSU	HORCH Bildmarke	938560
1974-11-08	1976-02-17	Audi NSU	Bildmarke	941342
1974-11-09	1976-02-17	Audi AG	*Wanderer*	
1974-11-12	1978-03-13	Audi NSU	*Auto Union*	DT00968689
1974-11-12	1976-09-24	Audi NSU	Bildmarke	
1974-11-12	1976-02-17	Audi AG	AUTOMOBILE Bildmarke	941344

Anmeldung	Eintragung	Firmenkürzel	*Wortmarke bzw. Bildmarke*	WZ-Nr.
1974-11-14	1975-12-04	Audi AG	Bildmarke	938562
1974-11-27	1976-02-17	Audi NSU	Bildmarke	941346
1974-12-19	1976-04-22	Audi NSU	*A U (Auto Union)*	943635
1974-12-19	1976-03-04	Audi NSU	*Horch*	941789
1976-01-30	1977-03-03	Audi NSU	Bildmarke	
1976-01-30	1977-03-03	Audi NSU	Bildmarke	955469
1976-02-05	1976-04-12	Audi NSU	*AVANT*	943264
1976-02-06	1977-05-11	Audi NSU	*WANDERER*	957895
1978-06-02	1978-08-31	Audi NSU	Bildmarke	975874
1979-04-02	1979-10-10	Audi NSU	Bildmarke	991547
1979-10-24	1980-06-13	Audi NSU	*AUDI quattro*	1003595
1981-01-23	1981-03-16	Audi NSU	*Audi Sport* Bildmarke	1015525
1981-10-20	1982-11-09	Audi NSU	quattro Bildmarke	1040501
1982-11-05	1983-04-06	Audi NSU	*Ro 80*	1046947

Anmeldung	Eintragung	Firmenkürzel	*Wortmarke bzw. Bildmarke*	WZ-Nr.
1983-05-21	1983-12-21	Audi NSU	Bildmarke	1057464
1983-09-13	1988-06-24	Audi NSU	*AUDI*	
1986-02-21	1986-08-28	Audi AG	*PROCON & TEN*	
1986-04-11	1986-11-18	Audi AG	*HORCH*	
1987-02-27	1987-09-29	Audi AG	Bildmarke	
1987-05-23	1987-11-20	Audi AG	*AUDI 100*	DT01114557
1987-05-23	1987-11-20	Audi AG	*AUDI 80*	DT01114558
1987-05-23	1987-11-20	Audi AG	*AUDI 90*	DT01114559
1987-08-21	1988-03-31	Audi AG	*AUDI 200*	
1988-04-07	1988-10-19	Audi AG	*AUDI V 8*	
1988-04-08	1989-01-27	Audi AG	*procon-ten*	
1991-07-19	1996-03-13	Audi AG	*AVUS*	2099874
1992-11-17	1993-12-21	Audi AG	*SPACEFRAME*	
1993-02-06	1994-01-18	Audi AG	*AQUA*	
1993-06-29	1997-11-07	Audi AG	*A 6*	2913882
1993-06-29	1997-11-07	Audi AG	*A 8*	2913881
1993-06-29	1995-06-21	Audi AG	*DTM edition*	2908073
1993-07-31	1994-05-20	Audi AG	*ASF*	EU 267922
1993-12-10	1998-01-28	Audi AG	*A 3*	39506091
1993-12-10	1997-11-07	Audi AG	*A 4*	2913887
1994-12-10	1995-07-19	Audi AG	*A plus*	39405995
1995-01-01	1995-05-24	Audi AG	*A 1*	
1995-01-01	1995-05-24	Audi AG	*A 2*	2906905
1995-01-01	1995-05-24	Audi AG	*A 5*	2906903
1995-01-01	1995-06-21	Audi AG	*A 7*	2908068
1995-01-01	1995-06-21	Audi AG	*A 9*	2908067
1995-01-01	1995-06-21	Audi AG	*RS2*	2908071
1995-01-01	1995-06-21	Audi AG	*S2*	2908069
1995-01-01	1995-06-19	Audi AG	*100*	2907967
1995-01-01	1995-05-24	Audi AG	*200*	2906887
1995-01-01	1995-06-21	Audi AG	*300*	2908064
1995-01-01	1995-05-24	Audi AG	*400*	2906906

Anmeldung	Eintragung	Firmenkürzel	*Wortmarke bzw. Bildmarke*	WZ-Nr.
1995-01-01	1995-09-20	Audi AG	*500*	2911806
1995-01-01	1995-06-21	Audi AG	*50*	2908065
1995-01-01	1995-06-21	Audi AG	*60*	2908066
1995-01-01	1995-06-19	Audi AG	*80*	
1995-02-11	1995-12-28	Audi AG	*S4*	39506097
1995-02-11	1995-12-27	Audi AG	*S6*	39506098
1995-02-11	1995-08-09	Audi AG	*TDI*	39506096
1995-06-24	1996-04-01	Audi AG	*TT*	39526265
1995-07-08	1995-11-06	Audi AG	*S3*	
1995-09-02	1995-11-21	Audi AG	*FOCUS*	39536108
1995-09-02	1995-10-30	Audi AG	*S8*	39528166
1995-09-02	1995-11-06	Audi AG	Audi Bildmarke	DE039 536107
1995-10-13	1995-12-08	Audi AG	*AUDI DUO*	
1995-10-13	1995-11-28	Audi AG	*DUO*	39541676
1995-12-21	1996-05-28	Audi AG	*S4 PLUS*	39552054
1995-12-21	1996-05-28	Audi AG	*S6 PLUS*	39552056
1995-12-21	1996-05-24	Audi AG	*S8 PLUS*	39552050
1996-03-30	Dat. fehlt	Audi AG	*AMBIENTE*	EU 212670
1996-03-30	1996-07-09	Audi AG	*AMBITION*	39615919
1996-03-30	Dat. fehlt	Audi AG	*ATTRACTION*	
1996-10-14	1996-11-28	Audi AG	*ADVANCE*	39644479
1996-10-25	1996-11-22	Audi AG	*ON-ROADER*	39646351
1997-02-28	1997-04-16	Audi AG	*AL2*	39709201
1997-06-28	1997-09-01	Audi AG	*FDI*	39730069
1997-08-30	1997-10-13	Audi AG	*ALLROADER*	39741503
1997-10-28	1998-04-15	Audi AG	*AUDI SILVER CIRCLE*	39751320
1997-10-28	1998-04-15	Audi AG	*SILVER CIRCLE*	39751319
1998-01-08	Dat. fehlt	Audi AG	*ALLROAD*	EU 836023
1998-01-30	1998-04-06	Audi AG	*RS0*	39804594
1998-01-30	1998-04-06	Audi AG	*RS1*	39804596
1998-01-30	1998-06-04	Audi AG	*S0*	39804588
1998-01-30	1998-04-16	Audi AG	*S1*	39804589

Anmeldung	Eintragung	Firmenkürzel	*Wortmarke bzw. Bildmarke*	WZ-Nr.
1998-02-20	1998-04-14	Audi AG	*RS20*	39809565
1999-05-07	1999-07-26	Audi AG	*FSI*	39926752
1999-07-21	1999-08-18	Audi AG	*Open Sky*	39942822
1999-07-27	1999-08-20	Audi AG	*AUDI.COM*	39944298
1999-12-08	2000-01-19	Audi AG	奥 迪 Bildmarke	
2000-06-26	2001-01-22	Audi AG	*Streamline*	30047527
2000-09-14	2000-12-05	Audi AG	*ALL-ROADSTER*	30050225
2000-12-18	2001-02-12	Audi AG	*AVANTISSIMO*	30091935
2000-12-20	2001-09-24	Audi AG	*COM.4*	30092781
2001-02-23	2001-09-13	Audi AG	*R1*	30112669
2001-02-26	2001-05-07	Audi AG	*AR 1*	30113130
2001-02-26	2001-04-02	Audi AG	*R20*	30113129
2001-08-27	2001-10-09	Audi AG	*AR 9*	30151676
2001-10-10	2001-12-06	Audi AG	Bildmarke	30159282

Nostalgie pur: DKW F 12 Roadster von 1964 (rechte Seite).

IN-T 991

16. Quellen

Literaturverzeichnis

Arntz, Helmut: *Handbuch der Runenkunde*. Halle 1944

Arth, Klaus: *Fixe Fahrer fahren Fox*. Lemgo 1997

Arth, Klaus / Thum, Stefan: *NSU-Motorräder 1945–1964*. Lemgo 2001

Bach, Frieder / Lange, Woldemar / Rauch, Siegfried: *DKW – MZ. Zwei Marken – eine Geschichte*. Stuttgart 1992

Bäumler, Susanne (Hrsg.): *Die Kunst zu werben*. Köln 1996

Barthes, Roland: *Mythen des Alltags*. Frankfurt/Main 1964

Berns, Jörg Jochen: *Die Herkunft des Automobils aus Himmelstrionfo und Höllenmaschine*. Berlin 1996

Boch, Rudolf (Hrsg.): *Patentschutz und Innovation in Geschichte und Gegenwart*. Frankfurt/Main 1999

Buddensieg, Tilman (Hrsg.): *Peter Behrens und die AEG 1907–1914*. Berlin 1990

Dageföhr, Werner: *Autos auf dem Weg zum Oldtimer. Design und Technik – die visuelle Kommunikation der Industrieunternehmen*. In: Dietmar Guderian (Hrsg.), *Technik und Kunst*. Düsseldorf 1994; S. 331–344

Diesel, Eugen: *Diesel. Der Mensch. Das Werk. Das Schicksal*. Hamburg 1937

Eckermann, Erik: *Automobile. Technikgeschichte im Deutschen Museum*. München 1989

Eckermann, Erik: *Vom Dampfwagen zum Auto. Die Motorisierung des Verkehrs*. Bielefeld 2002

Etzold, Hans-Rüdiger / Rother, Ewald / Erdmann, Thomas: *Im Zeichen der Vier Ringe*. 1873 –1945. Ingolstadt 1992

Etzold, Hans-Rüdiger / Rother, Ewald / Erdmann, Thomas: *Im Zeichen der Vier Ringe*. 1945 –1968. Ingolstadt 1996

Faulmann, Carl: *Schriftzeichen und Alphabete aller Zeiten und Völker*. Wien 1880 [Reprint Augsburg 1995]

Frankenberg, Richard von / Neubauer, Hans-Otto: *Geschichte des Automobils*. Künzelsau 1973

Friedl, Friedrich / Ott, Nicolaus / Stein, Bernard: *Typography. when who how.* Köln 1998

Gallert, Klaus: *Markenzeichen aus semiotischer Sicht: Analyse und Generierungsmöglichkeiten.* Frankfurt/Main 1998

Gränz, Paul / Kirchberg, Peter: *Ahnen unserer Autos*. Berlin 1980

Grün, Wolf Dieter: *Die Entwicklung der Warenzeichen von Horch und Audi.* In: Ulrich Löber (Hrsg.), *August Horch. Ein Automobilkonstrukteur aus Winningen*. Koblenz 1986

Hartmann, Carolus: *Glasmarken-Lexikon 1600–1945.* Stuttgart 1997

Heller, Arnold: *Motorwagen und Fahrzeugmaschinen für flüssigen Brennstoff.* Berlin 1912

Herz, Dieter / Reese, Karl: *Die NSU-Renngeschichte*. Stuttgart 1987

Herzog, Friedrich: *50-jährige Geschichte der Neckarsulmer Fahrzeugwerke*. Heilbronn 1923

Hoffmann, Hans-Henner / Kohout, Drahu: *Zeichen der Zeit. Signs of Time.* o.O. o. J.

Horch, August: *Ich baute Autos.* Berlin 1937

Kieselbach, Ralf J. F.: *Technik der Eleganz*. Berlin 1999

Kirchberg, Peter: *Autos aus Zwickau*. Berlin 1985

Kirchberg, Peter: *Bildatlas AUTO UNION*. Berlin 1987

Kirchberg, Peter: *Horch – Prestige und Perfektion.* 2. Auflage Stuttgart 2002

Kirchberg, Peter: *Plaste, Blech und Planwirtschaft*. Berlin 2000

Kirchberg, Peter / Erdmann, Thomas / Plagmann, Ralph: *Das Rad der Zeit. Die Geschichte der AUDI AG.* 3. Auflage, Ingolstadt 2000

Krämer-Badoni, Thomas / Grymer, Herbert / Rodenstein, Marianne: *Zur soziokulturellen Bedeutung des Automobils*. Frankfurt/Main 1971

Kriegeskorte, Michael: *100 Jahre Werbung im Wandel.* Köln 1995

Kukowski, Martin: *Die Chemnitzer Auto Union AG und die »Demokratisierung« der Wirtschaft in der Sowjetischen Besatzungszone von 1945 – 1948.* Manuskript Ingolstadt 2002

Kunze, Peter / Steiner, Christian: *Motorräder aus Zschopau. DKW – IFA – MZ.* Kiel 1999

Lange, Woldemar: *Motorradmuseum Augustusburg.* Augustusburg 1989

Leek, Jan: *Motorräder, die Geschichte machen – NSU Max.* Stuttgart 1995

Linz, Harald H.: *Internationale Automobil-Markenzeichen.* Weyarn 1998

Linz, Harald H. / Schrader, Halward: *Die große Automobil-Enzyklopädie.* München, Wien, Zürich 1986

Maak, Niklas: *Spirits of Ecstasy. Die Kühlerfigur des Rolls-Royce und der Traum vom rasenden Leben.* In: *Die Neue Gesellschaft. Frankfurter Hefte, Juli 1999.* Bonn. S. 644–651

Mackay, James: *The Dictionary of Sculptors in Bronce.* New York 1995

Margolius, Ivan: *Automobiles by Architects.* Chinchester 2000

Meinig, Uwe: *Motorradmuseum im Schloss Augustusburg.* o.O. o. J. [Augustusburg nach 1992]

Mirsching, Gerhard: *Wanderer. Die Geschichte des Hauses Wanderer und seiner Automobile.* Lübbecke 1981.

Müller-Karpe, Hermann: *Handbuch der Vorgeschichte. Band II. Jungsteinzeit.* München 1968

Panofsky, Erwin: *Die ideologischen Vorläufer des Rolls-Royce-Kühlers > The Ideological Antecedents of the Rolls-Royce-Radiator <* In: *Proceedings of the American Philosophical Society.* 1007 (1963), S. 273–388

Pelzer, Annette von / Scholze, Rainer: *Faszination Auto. Autowerbung von der Kaiserzeit bis heute.* Berlin 1994

Petsch, Joachim: *Autodesign.* Köln 1982

Pönisch, Jürgen: *100 Jahre Horch-Automobile 1899–1999.* Zwickau 2000

Pönisch, Jürgen: *August Horch – Pionier der Kraftfahrt.* Zwickau 2001

Pohl, Hans [Hrsg]: *Traditionspflege in der Automobilindustrie.* Stuttgart 1991; darin u.a. Erdmann, Thomas: *Die Traditionspflege im Hause Audi* (S. 143 ff)

Rauch, Siegfried: *DKW. Die Geschichte einer Weltmarke.* Stuttgart 1995

Rohmeder, Jürgen: *Kategorien zur Kunstgeschichte des Automobils.* In: *Jahrbuch des Museums für Kunst und Gewerbe Hamburg. Band 2.* Hamburg 1983, S. 155–178

Sachs, Wolfgang: *Die Liebe zum Automobil. Ein Rückblick in die Geschichte unserer Wünsche.* Reinbek bei Hamburg 1990

Scherzinger, Karl Aloys / Simon, Heiner / Zischka, Anton: *Heinrich Nordhoff.* München 1969

Schneider, Peter: *Die NSU Story.* Stuttgart 1997

Schneider, Peter: *NSU im Bild.* Stuttgart 2000

Seherr-Thoss: *Die Deutsche Automobil-Industrie. Eine Dokumentation von 1886 bis heute.* Stuttgart, 2. Auflage 1979

Simsa, Paul / Sproß, Hans-Jürgen / Wendt, Horst I.: *Der Stern ihrer Sehnsucht. Plakate und Anzeigen von Mercedes-Benz.* Stuttgart 1995

Steiniger, Fred: *Fiat-Personenwagen.* Brilon 1994

Thyssen-Bornemisza, Hanns Peter von: *NSU Prinzen-Garde.* Stuttgart 1998

Toogood, Malcolm: *Porsche – Werbung und Prospekte aus vier Jahrzehnten.* Stuttgart 1995

Urban, Dieter: *Markenzeichen + Firmensignets.* München 1991

Volkswagen AG (Hrsg.): *Das Buch. Von Volkswagen. 1938–1988.* Wolfsburg 1988

Walther, Klaus u.a. [Hrsg.]: *Von 0 auf 100. Hundert Jahre Autoland Sachsen.* Chemnitz 2001

Westrup, Arthur: *Fahre Prinz und Du bist König. Geschichten aus der NSU-Geschichte.* Bielefeld 1995

Wille, Hermann Heinz: *PS auf allen Straßen.* Leipzig, Jena, Berlin 1982

Williams, William C.: *Motoring mascots of the world.* Wisconsin o. J.

Wood, Jonathan: *Rolls-Royce.* Bindlach 1991

Zeller, Reimar (Hrsg.): *Das Automobil in der Kunst. 1886–1986. Malerei, Graphik, Skulptur, Happening, Plakat, Karikatur, Photographie, Trivialkunst, Design, Architektur.* München 1986

Zeller, Reimar: *Automobil. Das magische Objekt in der Kunst.* Frankfurt/Main 1985

Periodika

Allgemeine Automobil Zeitung, Wien und Berlin, 1900 ff.
Allgemeiner Automobil-Anzeiger, Wien, 1901ff.
Auto-Bild, Hamburg, 1997 ff.
Blatt für Patent-, Muster- und Zeichenwesen.
Hrsg. vom Reichspatentamt Berlin, 1894 ff.
Motor und Sport Pössneck, 1924 ff.

Archive

Archiv der AUDI AG, Ingolstadt
Archiv der NSU GmbH, Neckarsulm
Archiv des Deutschen Museums München
Archiv des Verkehrsmuseums Dresden
Deutsches Patentamt, Warenzeichenblätter, München 1948 ff.
Deutsches Patent- und Markenamt, Warenzeichenblätter,
München 1998 ff.
Reichspatentamt, Warenzeichenblätter, Berlin 1894 ff.
Reichspatentamt, Warenzeichenblätter, Berlin 1919 ff.
Sächsisches Staatsarchiv Chemnitz, zitiert als SäStAC
Privatarchiv Peter Kirchberg, Ingolstadt
Privatarchiv Harald H. Linz, Hallbergmoos
Archiv des Autors

Fotonachweise

Archiv AUDI AG: Seite 7, 11, 12 oben, 13, 19, 20, 23, 28 unten, 29 oben, 30 oben, 32, 35 oben, 37, 38 unten, 42, 43, 44, 52 oben, 52 unten, 53, 57 oben, 61 (2 Abb.), 63, 64, 65, 65 unten, 66, 67 oben, 69, 70 unten, 72, 77, 89, 91, 92 oben, 93 Mitte, 93 oben, 94, 95 (5 Abb.), 96 (2 Abb.), 112, 115, 116 (2 Abb.), 122, 123, 125, 126

Archiv DaimlerChrysler: Seite 16 Mitte, 24 links

Archiv Halwart Schrader: Seite 22

Archiv Hornung: Seite 15 oben

Archiv Kirchberg: Seite 19, 24, 26, 33 unten, 34 unten, 35, 38 Mitte, 41, 45 rechts, 47, 58 unten, 74, 76, 80, 82, 83, 84, 85, 86 links, 86 Mitte, 87 oben, 87 unten

Archiv NSU GmbH Neckarsulm: Seite 113

Archiv Schiller: Seite 12 unten, 29 unten, 31 oben, 33 oben, 36 unten, 40 oben, 50 oben, 50 unten, 56 unten, 57 unten, 58 oben, 60 unten, 62, 68 unten, 102, 111

Foto Hornung: Seite 16 oben, 17, 27, 29 oben/Mitte, 30 oben, 31 Mitte, 31 unten, 34 oben, 36 oben, 38 oben, 40 unten, 45 links, 48 oben, 49 Mitte, 49 oben, 49 unten, 51 oben, 51 unten, 54, 55, 56 oben, 67 unten, 68 oben, 70 oben, 72 oben, 73, 75, 87 Mitte, 90, 91, 92 Mitte, 92 unten, 93 unten, 97 (2 Abb.), 98 (2 Abb.), 100, 101, 104 (2 Abb.), 107 (2 Abb.), 108, 109, 110, 114 (2 Abb.), 119, 120, 121 rechts

Foto Schiller: Seite 14, 15, 18, 28 oben, 30 unten, 46 oben, 46 unten, 60 oben, 81, 120 Mitte

Reproduktion aus Diesel, Eugen: a.a.O. Seite 16 unten

Sammlung Motorradmuseum Augustusburg: Seite 48 unten, 78, 79 links, 79 rechts

Sammlung Schröder und Weise: Seite 25

Stiftung Automuseum Wolfsburg: Seite 59